高效节水根灌栽培新技术

冯晋臣 著

金盾出版社

内 容 提 要

本书系作者据多年研究成果写成。内容包括节水根灌栽培新技术和健壮液的应用与自制两部分,它们能构成高效低耗及绿色循环经济生态型农场的新模式。前者介绍了根灌的理论依据和关键技术,带根灌剂的根灌技术及其应用,普通根灌技术及其应用,自配根灌营养液及二氧化碳缓释剂等;后者介绍了健壮液的技术用途与作用机制,健壮液在种植、畜禽养殖、水产养殖和环卫、环保方面的应用,健壮液的自制方法等。图文并茂,通俗易懂,技术创新,实用性和可操作性强,可供从事农林牧副渔业和绿化、环卫、环保工作者阅读使用,也是相关科研人员和院校师生很有价值的参考资料。

图书在版编目(CIP)数据

高效节水根灌栽培新技术/冯晋臣著.—北京:金盾出版社,2008.3
ISBN 978-7-5082-4983-4

Ⅰ.高… Ⅱ.冯… Ⅲ.作物—根系—灌溉系统—研究
Ⅳ.S274.2

中国版本图书馆 CIP 数据核字(2008)第 002045 号

金盾出版社出版、总发行
北京太平路 5 号(地铁万寿路站往南)
邮政编码:100036 电话:68214039 83219215
传真:68276683 网址:www.jdcbs.cn
北京金盾印刷厂印刷
永胜装订厂装订
各地新华书店经销
开本:787×1092 1/32 印张:8.375 字数:182 千字
2012 年 3 月第 1 版第 4 次印刷
印数:20 001~25 000 册 定价:17.00 元
(凡购买金盾出版社的图书,如有缺页、
倒页、脱页者,本社发行部负责调换)

序

我国人均水资源只有世界平均值的 1/4~1/3，十分紧缺，水资源与降水在时空上分布非常不均，更加剧缺水的严重程度。干旱缺水已成为制约我国国民经济发展、社会进步、环境改善与人民生活质量的关键因素之一。当前，我国农田灌溉用水量占总用量的 70% 以上，随着工业、城镇的发展和人民生活水平的提高，灌溉用水量的比例还将继续下降，灌溉用水的紧缺程度将日益严重。这种自然与社会条件决定了我国的灌溉农业必须走节水道路。琼州大学冯晋臣教授发明的"根灌"为发展节水灌溉开辟了创新途径，具有重大的现实意义和推广前景。

冯晋臣教授综合运用物理、土壤、植物生理、生态、水利、化学、化工、微生物等学科知识，历经 40 余年的试验研究与实践，发明了"根灌"技术，其关键是在作物根毛区设置导管或和"包根区"。包根区由特制的根灌剂（一种专用于农林的强力吸水、保水剂）和其他吸附物质如有机垃圾、秸秆、沼气渣、中药渣、甘蔗渣与菇渣或珍珠岩、蛭石及泥炭等组成，具有长效节水和保肥功能。运行时，将灌溉水和溶解于水的肥料、农药通过导管直接输入根区后，可较长时期供作物根系吸收和利用。由于根灌剂及其吸附物质对水、肥料、农药的吸附与缓慢释放作用，抑制了灌溉水和降水在土壤中的蒸发与下渗，因此可起到高效节水、节肥和改善水土环境的良好作用。该项技术与国内公认最节水的"滴灌"技术相比较，还可再节水 30%~50%，并能增产，其投资仅为滴灌的 5%~25%。因此，根灌是一种比微灌（包括滴灌）更为节水的精细灌溉技术，在我国已较广泛地用于瓜菜、果树、林木、园艺、花卉、草坪及城市绿化、治理沙漠等，节水和生态效益显著。此外，他还研制了"树木吊瓶输液"等节水创新性技术。冯晋臣教授的严谨科学态度、创新精神和不懈的努力，使他的发明取得了莫大的经济效益、社会效益与环境效益。

冯晋臣教授在本书中总结了根灌的理论和应用研究，提倡节水工程设施与农业生物措施相结合，理论研究和实践推广相结合。该书反映了冯晋臣教授40余年悉心从事根灌节水理论研究和实践推广的基本成果，内容新颖，试验数据翔实，应用实例众多，节水、增产效益显著。相信，此书的出版将为农业节水技术增添新内容，并希望能对我国节水农业的发展起到一定的促进作用。

该书在深入浅出、讲清基本概念和科学道理的基础上，强调推广应用，并有实例可循。文字通俗易懂，图文并茂，可供水利、农业技术人员和具有一定文化水平的农民参考应用，也可作为有关专业大学生和研究生的参考材料。

中国国家灌溉排水委员会名誉主席
国际灌溉排水委员会名誉副主席
武汉大学水利水电学院教授

中国工程院院士、武汉大学
水利水电学院教授

2006年5月12日

前 言

从战略上讲,节能减排、高效低耗,发展循环经济,搞绿色生态示范农场,是个大方向;但从战术上要实现该目标并非易事。为此,笔者整整花了四十余年的时间,从哲学的高度,依据物理学原理,结合有关学科的知识,发明了精细灌溉"根灌",2005年2月16日的《海南日报》在"今日关注"栏目中,誉笔者为"根灌之父";又研发了健壮液活菌剂。"根灌"和"健壮液"是实现上述战略目标的有力工具,也是本书要介绍的重点。

根灌是从漫灌到滴灌都是灌溉土壤一跃为灌溉根系,节水省肥,是灌溉史上的一次跨跃。根灌比漫灌节水80%以上,还可增产20%。根灌推广后,可把城市有机垃圾及农村的废秸秆利用掉,变废为宝,能比世界上公认最节水的滴灌,还可节水30%~50%,且能增产,其投资仅为同等水平的滴灌的5%~25%,因此根灌最终能在世界范围内替代滴灌,尤其是在温室大棚与山区。在温室大棚中使用根灌,能降低湿度,减少因病虫害造成的损失;在山区中因地形起伏不平,不能用滴灌。

健壮液是笔者自主研发的培养剂,培养成功的与EM液作用相似的一种含有多种有益细菌的生态型制剂。健壮液不含任何激素,纯属天然,生产工艺是完全环保的,无"三废"排放。由于健壮液中有多种有益细菌,能改善土壤及肠道的细菌群落结构,加上细菌菌体含有丰富的蛋白质、多种维生素及氨基酸、核酸等生物活性物质,营养丰富,因此在种植及养殖上,能高效低耗,速生丰产;又因为它能迅速分解氨氮、硫化氢和其他有机物,故可在环卫、环保尤其是在污水处理上,能发挥作用。

本书共分五章。第一章,根灌的理论依据和关键技术,有关操作工具都有图示;第二章,带根灌剂的根灌技术及其应用,该技术特别适用于干旱半干旱地区、治理盐碱地及改造戈壁沙漠,也适用于季节性干旱及偏干旱地区,有关在农林业中的高效节水抗旱与增产效果,都有图片佐证,真实可信;第三章,普通根灌技术及其应用,即不带根灌剂(一种专用于农林的强力吸水保水剂)的根灌技术,适用于南方季节性干旱地区及偏干旱地区,并介绍了用根灌技术对古树名木的护理及提高大树移栽成活率(达到 90% 以上)等方面的应用;第四章,自配根灌营养液及二氧化碳缓释剂,其中有大中量元素及微量元素的配制、螯合物的制造、二氧化碳缓释剂的配制及根灌施肥原则的实例;第五章,健壮液的应用与自制,这是一种类似于 EM 液的活菌剂,可适用于种植和畜、禽、鱼等的养殖,如淡水养殖或海水养殖,可用作如对虾、多宝鱼等的饲料,有了养殖和种植,可构成生态农业循环生物链,经济效益更高。

我要感谢父亲冯忠翰(号子蕃,1916 年银行科毕业)、母亲孙兰珍关于对我"要对人类做出贡献"的教导,还要感谢上海市建设中学高中班主任李金光老师的谆谆教诲及肖鲁纳同志的帮助,特别要感谢我相濡以沫的妻子季静秋数学教授的支持与帮助,也要感谢浙江省林科院郑德周书记的支持与诺贝尔奖获得者李远哲博士的鼓励。

谨把此书献给我敬爱的大姐冯举(上海,中学教师)、二姐冯亚任(北京,离休干部)和四姐冯尼(石家庄,高级工程师)。

冯晋臣教授
于 2007 年元旦

作者通信地址:海南省五指山市 1108 信报箱琼州大学科研处
邮政编码:572200

目　录

第一章　根灌的理论依据和关键技术 …………………（1）
　一、植物根系与灌溉…………………………………（1）
　二、根灌的理论依据…………………………………（6）
　三、根灌的关键技术…………………………………（8）
　四、包根材料的配制…………………………………（15）
　五、与根灌配套的肥料介绍…………………………（19）
　六、根灌适应不同情况的多种实施途径……………（20）
　七、"底膜覆盖——遍地孔"技术与成片包根………（26）
　八、根灌孔成形器、根灌孔护套与根灌漏斗………（36）
　九、电脑控制带导管的根灌系统……………………（41）
　十、根灌与植物工厂化………………………………（45）

第二章　带根灌剂的根灌技术及其应用 …………………（48）
　一、根灌剂的作用与机制及根灌技术应用的注意事项
　　………………………………………………………（48）
　二、管(大)棚番茄根灌与滴灌试验效果的对比与统计
　　　分析…………………………………………………（58）
　三、用根灌技术在大棚或露地种植瓜菜、苗木与玉米
　　　等的方法与效果……………………………………（65）
　四、用根灌技术在屋顶种植瓜菜、苗木及离地栽培作
　　　物的方法与效果……………………………………（74）
　五、根灌用于种植幼小林果及瓜类等的方法与效果
　　………………………………………………………（79）
　六、根灌用于成年木本林果施果后肥或基肥的方法与

效果 …………………………………………………………（82）
　七、根灌栽培剂在花卉、蘑菇及竹林栽培上的应用 …（91）
　八、根灌在干旱地带造林绿化上的应用 ………………（97）
　九、用根灌技术治理沙漠效果显著 ……………………（103）
　十、用根灌技术种植甘蔗的方法 ………………………（108）
　十一、用根灌栽培剂进行条种的模式 …………………（111）
　十二、根灌技术在城市绿化上的应用 …………………（114）
　十三、根灌技术在大树移栽与育苗上的应用 …………（117）
　十四、用根灌技术种植抗盐碱的牧草和其他作物的
　　　　方法 ……………………………………………（120）
　十五、底膜覆盖根灌法与挂膜集水法 …………………（124）
　十六、根灌的本质与用途 ………………………………（126）
第三章　普通根灌技术及其应用 ………………………（130）
　一、旱地作物根灌抗旱施肥新技术 ……………………（130）
　二、用根灌法防治植物病虫害 …………………………（141）
　三、苦(海)水根灌 ………………………………………（143）
　四、节水花盆与垂直栽培植物技术——"遍地孔根
　　　灌"应用实例 ……………………………………（146）
　五、普通根灌技术用于大树移栽及古树名木护理 …（152）
　六、根灌施肥方法 ………………………………………（158）
第四章　自配根灌营养液及二氧化碳缓释剂 ………（166）
　一、大中量元素营养液配方、适用范围及注意事项
　　　………………………………………………………（166）
　二、微量元素营养液配方、适用范围及注意事项 ……（171）
　三、螯合铁、铜、锌、锰的制法 …………………………（178）
　四、自制包根专用二氧化碳缓释剂 ……………………（183）
第五章　健壮液的应用与自制 …………………………（187）

一、健壮液与 EM 液的关系 …………………………… (187)
二、FJC-健壮液 ………………………………………… (188)
三、EM 液技术用途简介 ……………………………… (190)
四、EM 技术作用机制 ………………………………… (193)
五、FJC-健壮液 1 号在种植业上的应用 …………… (201)
六、FJC-健壮液 2 号在畜禽养殖上的应用 ………… (206)
七、FJC-健壮液 2 号在水产养殖上的应用 ………… (214)
八、FJC-健壮液 2 号在环保上的应用 ……………… (219)
九、健壮液应用效益与实例 …………………………… (220)
十、自制健壮液 ………………………………………… (228)

附件 相关发明专利及实用新型专利 ……………… (247)

主要参考文献 ………………………………………… (248)

后记 …………………………………………………… (250)

第一章 根灌的理论依据和关键技术

一、植物根系与灌溉

(一)"根系灌溉"的理念是灌溉技术的突破

长期以来,灌溉方法从漫灌到较为先进的滴灌,基本上都是灌溉土壤,存在着大量的无益蒸发与渗透损耗,水分生产效率低。自从笔者提出"根系灌溉"的理念并付诸实现,克服了上述灌溉方法的缺点。

根灌原称"包根法",因国际著名土壤学家、中国科学院院士朱祖祥博士的建议而改称为"经济林根基节水栽培技术",简称"根灌"。1996年荣获国家级科技成果(成果编号97100401A,证书号1962),同时被列入"九五"国家级科技成果重点推广计划指南项目(《国科发成字(1996)349号》)。根灌优于滴灌的3个方面:①根灌本身蕴有的科技含量比滴灌高;②根灌比滴灌还可再节水50%,同时还能增加净收入20%以上;③根灌设施投入仅为滴灌的5%~25%。根灌技术于2004年10月27日获得国家发明专利证书,名称为"植物根灌节水栽培方法",发明专利号ZL97103541.5,国际专利主分类号A01G29/00。该专利荣获2006年2月24日《中国技术市场报》举办的首届全国"节能专利大征集"项目二等奖(全国得奖项目仅68项)。各种媒体都报道过根灌的优越性。

(二)国内外已有背景技术分析

1. 国际上目前比较先进的节水农业技术分析 国际上目前较先进的节水农业技术有滴灌、雾灌、渗灌、地膜覆盖等。

(1)滴灌 对大田旱作进行滴灌,可比常规栽培(对照)增产20%～80%(果树增产低些,瓜类、蔬菜较高)。它需要动力装置,将过滤后的水溶液送至滴灌嘴(滴头),每小时输2～8升水。一棵树一般安放3个滴灌嘴,因此在干旱季节用滴灌抗旱时,每667米^2(1亩,下同)每月抗旱用水量至少需50米^3,其中相当一部分被地面蒸发掉。事实上,滴灌的本质是缓慢化的泼浇(泼灌),其科技含量反映在为了实现"缓慢化"的外部设施上:水质过滤器,肥料泵,水泵,输水干管、支管及滴灌带。一旦脱离这些设施,它就退化成泼浇了。可见,滴灌不能土法上马。以3公顷(45亩)灌区为例,水质过滤器与肥料泵两项投入就要25万～30万元;自控连栋(棚)温室的滴灌投资更大。滴灌孔很容易堵塞,硬水质地区用不了多久就会结垢堵塞,维修任务繁重,因为水质过滤器无法软化硬水。为了不堵塞滴灌孔,往往需要使用进口化肥,以保证全溶性。因此,从经济与技术角度来看,滴灌难在我国农村推广。滴灌若用于大棚,因湿度高,病虫害所致损失率达10%～30%。

(2)雾灌 在蔬菜栽培中常用的雾灌(微喷灌)技术,其用水量不亚于滴灌,存在着较大的蒸发、飘逸损失,与滴灌一样对水质要求很高,也需要消耗较多的能源。

(3)地下滴灌 在国内称为渗灌,也有人将它"误称"为"根灌"。渗灌是在地下铺设带孔的渗水管道,地上需建造水池和使用压力泵。若用塑料管道,则地下部分的工、料投资每667米^{2}为600～800元,加地上部分的设施,每667米^{2}需投资

1 500元以上。干旱季节,用渗灌抗旱,每667米^{2}每月抗旱用水量20米^{3}以上。

渗灌的缺点:一是地下的渗水孔(滴灌孔)很快会因根毛的伸入或菌藻的繁殖被堵塞,维修困难。二是有不少水分往下渗漏至土壤深层,成为植物根系无法利用的地下水。当这些水分蒸发时,还会将土壤深层的盐分带到表土层,产生次生盐碱化。三是难用于改造沙漠。四是对于刚种上去的作物,还需要常规管理(水浇在靠近根系上面的土壤上)。

(4)地膜覆盖 地膜覆盖有保墒、保温等很多优点,但它是被动的节水技术,使土壤吃不到大部分的雨水与露水,并阻碍土壤透气,影响土壤中微生物的活性,不利于土壤中有机质的分解、吸收。因此,至少对纯旱田、贫瘠的土壤、砂土地和黏性土壤不适用。另外,在气候炎热地区,由于土壤透气性差,土壤温度太高,甚至会"烧"根。因此,该法有相当的局限性。

2. 国内常规抗旱方法的分析 至今,我国常规的抗旱方法仍是泼浇(泼灌)、漫灌(淹灌)与喷灌。用这些方法灌溉的水分首先被表土所吸收供田间杂草生长与地面蒸发之损耗,多余的水分往下渗透,只有到了根毛区这一瞬间才能被植物所吸收利用,再往下渗漏,根毛已力所不及,这些水分就成为植物无法吸收利用的地下水。因此,用常规方法抗旱效果不理想。漫灌还有使土壤板结、肥分流失等副作用,且极费水。

另外,根部施肥,往往因干旱,第一年冬季施的基肥至次年秋翻起来仍然存在,原因是干旱与不通气,土壤中微生物无力将它们分解成植物可吸收利用的肥分;根系也很难扩展。至于施化肥,也往往因干旱无法溶解,使植物难以吸收,一旦雨季又被大雨冲洗流失或往下渗漏到植物根系无法达到的土壤深层,浪费很大。

(三)植物根系的灌溉

笔者是物理学工作者,所以我从物理学的观点结合土壤学、植物生理学、化学、树木学、栽培学和水利学等知识研究了灌溉技术。发现,作物虽然有庞大的根系,但真正能吸收水、肥的根系仅仅是很少一部分——毛细根的根毛区,笔者正是据此设计出了"根灌"的灌溉技术。其要点是:

①在植物的根毛区设置包根区。

②在包根区内放置包根材料,将毛细根包起来。包根材料是由吸附物质组成的,最好含有特制的强力吸水保水剂(冯氏根灌剂)和团粒结构促进剂如聚乙烯醇。

③包根区设置根灌孔。根灌孔的下端与包根区的包根材料接触,上端与空气连通。根灌孔又称输入孔。

④通过根灌孔将水、肥、农药灌施到包根区的包根材料中。根灌孔又称多功能孔,因它还具有通气、散热等功能。

这样,按照植物生长发育与环境气候情况,适时适量地将水、肥通过多功能孔(根灌孔)灌到包根区的吸附物质层,使水、肥直接到达植物根系的根毛区,故吸收利用率极高。根灌实现了从"灌溉土壤"到"灌溉根系"的飞跃,成为有集水功能的主动灌溉,并使水、肥、气、植物四相得到良好的统一与协调。其重点是农艺节水兼顾了节水灌溉技术与设施农业,具有抗旱、保水、施肥、改良土壤和防治植物病虫害 5 种功能。因此,它是一种能使旱区农业大幅度节水、节肥与增产的高新栽培技术,也是精细灌溉技术,有利于农业的可持续发展。

通过与滴灌技术的比较,根灌的优越性在于:

第一,在比滴灌省水 50% 的前提下,同时能增加净收入 20% 以上。

第二,设施的投入仅为滴灌的5%~25%。

第三,不会有滴灌嘴堵塞的缺点(因滋生细菌、藻类,水中有杂质,化肥不全溶,硬水结垢等原因引起滴灌嘴的堵塞)。

第四,可以充分利用有机肥垃圾(废菜叶、腐熟后的畜禽下脚料、秸秆、破布、废纸、中药渣等)作为包根材料的填充物。当根灌技术全面推广后,能够消耗很多垃圾,这对城市垃圾处理有利,变废为宝。

第五,操作简便。若与施基肥相结合,更可节省劳动力。

第六,根灌适用于一切旱地作物如瓜菜、果树(包括干果)、林木、园林、园艺、花卉、草坪及城市绿化、治理沙漠等,且效果显著(表1-1)。对于农村劳动力丰富而资金短缺的我国,根灌有着广阔的推广前景。

为此,"根灌"获得朱祖祥、闵乃本、王明庥三院士的好评,并获得国际灌溉排水委员会荣誉副主席许志方博士、国际节水农业奖获得者茆智院士及浙江农业大学博士生导师沈德绪教授等的支持与重视,亦得到诺贝尔奖金获得者李远哲博士的鼓励与支持。

表1-1 不同灌溉技术抗旱效果比较

方法	旱季667米²每月抗旱用水量(米³)	地表蒸发	地下渗漏	667米²投资(含投工)(元)*
根灌	2~12	少	少	150~500
渗灌	20左右	少	多	1500以上
滴灌	50以上	多	少	2500以上
雾灌	50以上	多	少	2000左右
泼浇	50以上	多	多	滴灌设备昂贵,在我国难以大面积推广,且滴灌嘴的质量目前我国尚未过关
喷灌	50~80	多	多	
漫灌	100以上	多	多	

* 此投资值的人民币数额,按著书时的物价计算

二、根灌的理论依据

(一)土壤人为团粒结构化

土壤学结构研究理论提出,土壤作为植物生存的载体(支撑体),它必须能为植物创造所需要的热、水、气、肥等条件。作为载体结构的功能在于调节土壤肥力因素热、水、气、肥。良好的土壤结构——团粒结构具有对土壤肥力因素协调供应的能力,所以团粒结构是土壤改良的方向。团粒结构的物理特性是同时具有吸附、贮流与透气的功能。让土壤自然形成团粒结构,需要经常施有机肥,还要经过十年左右的时间才有可能团粒结构化,而根灌技术的基点就在于人为地迅速创造一个适于作物生长的"团粒结构"来达到高效节水、节肥的效果。

(二)植物根系有三倍的保险系数

植物学与植物生理学告诉我们,植物从土壤中获得营养的主要渠道是庞大的植物根系,但并不是全部的根系都能吸收水肥。根系各部位在吸收养分和水分的作用上是不相同的,而且不同部位吸收养分进入根系之后的动态也不相同。老根基本上不吸收水肥,但起支撑作用,不让植物倾倒。而对水分的吸收则以根毛区为最多,我们称此区为植物的"嘴巴"。根尖区(根冠、生长点及伸长区)吸收的养分主要是保留在原处供根生长,较少向地上部运转;根毛区吸收的养分则大部分向地上部运递,少量供给根尖及留在原处。试验观察统计表明,根毛区有很强的趋水、趋肥性和输送营养、水分功能,植物根毛只要有 1/3 左右不受损害,就可以在适宜的环境下提供足够水分、养分供植物正常生长,而不影响植物的产量,这说明植物根系有三倍的保险系数。根系中哪个方向的水分、养分充足而适宜,根毛就向哪个方向发展。植物这一生理特性为根灌技术设置包根材料(人为团粒结构)提供了依据。因为树木的根毛密集区分布在树冠滴水下沿(树盘外缘)那一圈的一定深度的土层中,所以对于贫瘠与易旱的土壤,不必去全面改良,只要改良这部分对植物生长影响最关键的土壤——植物毛细根分布最密集的根毛区即可,也是最为经济的。树盘是树冠在地面的垂直投影。

(三)土壤表面蒸发的三个阶段

土壤灌溉实践告诉我们,任何从表土以上灌溉的方式都会造成水的浪费。土壤表面蒸发的强度是由大气蒸发力(辐射、温度、空气、湿度以及风速气象等因素)和土壤导水性质共同决定的。土壤表面蒸发有明显的三个阶段:一是大气蒸发控制阶段;二是土壤导水率控制阶段;三是扩散控制阶段。蒸发理论告诉我们,完全湿润的土壤增加了净辐射(净辐射流是穿过与植物表面平行的光学平面的辐射流,其波长为 0.3~60 微米,对植物生长有重要意义),部分湿润地区的干燥区自身覆盖可防止蒸发。从物理学观点看,可以认为干燥地表土壤是一种"自我覆盖",这一层土壤是非常关键的。因为蒸发位置通常在地表下 5 厘米,一般是在土壤表面或靠近土壤表面处。根灌技术从这点出发,强调水必须从专门设置的交换孔中对根毛区进行灌溉,而不是对表土灌溉,并要求人为设置的包根材料不能与外界连通。表土覆盖是重要措施。

三、根灌的关键技术

(一)根灌技术要点

根据上述主要理论,根灌的技术要点可归纳为下面3点。

1. 包根区的设置 要选择毛细根分布最密集的那部分土壤作为设置根灌的包根区。这个区也是土壤改良的范围。不同的植物,根毛密布的区域有所差异,但通常在树冠滴水下沿那一圈一定深度的土层中为一般树木毛细根密布的范围。我们寻找包根区最直观的办法,是针对不同的植物沿树冠滴水下沿进行开挖,以发现密集根毛分布带为准。包根区设置的长度是以树木或作物的树冠滴水下沿的周长来设计,大树可按周长的1/2或1/3设置,即分2年或3年完成一棵大树的全部包根区(即四周土壤改良一遍或者说进行一次人为的团粒结构设置);小树或蔬菜之类的包根区可四周全部开挖设置,也可均匀按经济传导距离设计(通常包根材料横向传导距离为0.6米左右)。总之,包根区的位置和长度是以满足植物生理需要的最经济传导水分、养分途径为原则。包根区的深度同样以树龄或植物种类而异,大树深些,可达0.6米以上,小树或蔬菜之类深度通常在0.3米左右,宽度在0.25米左右。过大的设置往往会造成浪费,一定要因植物而异。

2. 包根区的材料 包根区的材料又称"包根块",是人为设计的"团粒结构",具有吸附、贮流与透气的功能。包根材料是根灌高效节水农业新技术的重要内容。包根材料设计是该技术最困难也是科技含量最高的一部分。包根材料设计得好坏,直接影响到根灌技术的应用效果,所以必须认真对待。笔者经过多年研究,对广泛适应于不同作物的包根材料提出了理化特性与组成。包根用的吸附物质是由基本成分与附加成分两部分组成,其理化特性应满足下列指标。

①容量 <1 克/米^3。

②基本成分须是吸附性强又能保水、保肥且具有良好排水透气性的无毒、无害物质。总孔隙度 >60%,其中大、小孔隙分配要合理。

③养分丰富,并具备包根专用基肥成分,使它的速效氮、速效磷、速效钾含量与钙、镁、硫元素的含量达到恰如其分的标准。

④含有一定比例的团粒结构促进剂,湿时不黏结成团。

⑤含有一定比例的吸水保水剂,干时不开裂,湿时有弹性。

⑥根据当地土壤状况加入一定量的消毒剂。

⑦根据作物需要,加入一定量的防治植物病虫害的农药(宜为内吸性者)。

⑧pH 值 6~7。必要时可用氢氧化钾、氢氧化钠或磷酸、稀硫酸等调整之。

满足上述理化特性的包根材料是较理想的人造"团粒结构"。

当根灌技术全面推广后,包根材料应制成专用的"包根块"、"包根束"或"包根粒",以适应机械化操作来实现不同类型包根处理的需要。这时包根材料还应具有下列特性:

⑨含有一定比例的防腐剂。

⑩理化性能较稳定,可连续使用 5 年以上。

⑪含有一定比例的黏接(合)剂。

⑫有一定硬度或支撑性,便于机械化操作,如包根块可制

成蜂窝状结构。

笔者已攻克了组成上述理想包根材料的技术难关,研制出了冯氏根灌剂(FJC-强力吸水保水剂),是组成包根材料最基本的新基质,是一种以"合成高分子类"吸水树脂为主的系列产品,统称"旱地神"。产品中的极品被誉称为"栽花宝"。它们是水和化肥的聚合物,在干燥状态下是一种无毒、透明的颗粒物质,含有植物所需要的营养元素,吸水膨胀率高达400～1 000倍(重量比),与有关缓冲物质配成包根材料后,能促进土壤团粒结构化,具有透气、吸水、保水、保肥的作用。

"包根块"正急需规模化生产,以适应大面积机械化推广根灌技术。推广应用最为广泛的包根材料是因地制宜选用人们丢弃的有机材料,如有机垃圾、秸秆、炭化稻壳、杂草、树叶、木屑、刨花、绿肥、粉碎的塑料海绵(约3厘米×3厘米×2厘米)或炉灰渣、猪牛栏粪、鸡鸭羽毛等有吸附作用的无害物质。选用当地材料一定要注意营养成分的搭配,而有机肥是最基本的材料。为弥补当地包根材料营养成分的不足,根据作物生长的需要可适时进行追肥。

3. 设置气、水、肥、农药输入(交换)孔 这一技术乍看起来是那么简单。但它是根灌技术最为精彩的部分,也是最巧妙的创造。通过交换孔,可以完成水、肥、农药向植物包根区的输入,实现根灌的功能。交换孔的设置真正沟通了埋入土下的有机物与外界空气的通道,为微生物的活动提供了有利环境,从而加速有机物分解,为植物提供必要的速效养分。交换孔可以根据土壤的种类、理化性能,注入满足不同植物需要的调节剂或改良物质,最大限度地发挥土壤的肥力,提高土壤的功能。

(二)根灌的具体操作方法与类型

挖开植株毛细根密集范围处一部分上层土壤,深度以不过分损伤根系为原则。然后在那沟里铺上压实的一定厚度的吸附物质,因为吸附物质在那里将毛细根包了起来,故称为包根区。接着将原来挖起的表土覆盖在包根区上面,同时每隔1~2米在覆盖土层中留些直径6~10厘米的输入孔(洞),孔下端要与包根区的吸附层相接触。以后就通过输入孔适时适量地将一定配比的水、肥灌施到包根区的吸附物质里,因为那里有密集的根毛,故相当于植物的"嘴巴",因此能达到高效抗旱与施肥的目的。输入孔亦是根部的通气孔与灌农药孔,平时最好将孔口(如用草)盖之。对一年生旱作宜在定植前设置好包根区。特别是大棚温室栽培浅根性的反季节瓜菜,可用"蒙布法"来完成包根处理:在定植区土壤上挖一宽20厘米左右、深15~25厘米的包根沟,沟中填满包根专用吸附物质(吸附物质与地面平或略高于地面),然后在吸附物质上面用宽30厘米左右的PVC、PE塑料布(膜)或废旧布蒙盖住,盖布两边用薄泥压住,再在布上每隔1米打一个直径6~10厘米的孔,随即插入直径相当的塑料套筒(目前可用代用品,将来可专门生产)。筒底深入吸附层5厘米左右,筒身露出地面10厘米以上,以便于日后水、肥、药液的灌施。一般包根区上不直接栽培一年生旱作。若设计要求在包根区上直接栽培一年生旱作,这时应在包根区的蒙布上按株距打适当数量的"栽培孔",以便定植时用。另外,这时的包根吸附物质应选用在作物定植后不再强烈腐熟、发酵而引起烂根的包根材料。

该灌溉系统的科学性在于以土壤改良为指导思想,以土壤结构团粒化为依据来采取措施,以发挥其吸附、贮流与透气功能,从而达到高效利用水、肥与促进植物生长,提高产量和质量的目的。

不同的旱田作物,由于其耕作、栽培上的具体差异,就要用不同形式的包根类型。例如,树的单株包根处理,其包根区要达到树冠滴水下沿周长 1/3 以上,还有成行包根与成片包根处理等。其他类型可根据旱作的实际需要,衍化而得。它们的技术关键及具体指标,见表1-2与图1-1至图1-5。

表1-2 相应包根类型的技术关键与部分旱作间的关系

包根类型	包根对象	沟宽×沟深（厘米）	孔数	压实后吸附层厚度（厘米）
单株包根	树冠未交叉成荫的经济果林;稀植桑	20~30×25~35	每1~1.5米长的包根沟留1个孔	经济果林为10~20,桑为5~10
单株包根	幼龄经济果林,西瓜、甜瓜。一般每667米²密度小于800株	15~20×20~30（果林的沟偏深）	每棵1个	10~15
成行包根	树冠已交叉成荫的经济果林,便于实施机械化包根与搞水塔输液网	20~30×30~40	1.5~2米1个	15~20(勿超过25)
成行包根	玉米:宽窄行栽培,宽行设包根区。密植桑、茶叶:单侧设包根区	15~20×20~30	玉米:1米1个。桑、茶:1~1.5米1个	玉米:10~15 桑茶:5~10
"丰"字型成行包根	大棚温室中及南方的反季节瓜菜	15~20×15~30（浅根性蔬菜沟浅些）	每667米²超过3000株的1米1个,否则1.5米1个	5~15(有机质填料有升温作用)

注:1.一年生作物应在定植前先设置好包根区;2.有坡度的地方,输入孔应设在坡向上方;3.用稻草或杂草作包根材料,每米长包根沟内需铺草2.5~10千克,每667米²一般需500~1000千克;4.成片包根是成行包根的发展,每1~2米²设1个输入孔,常作苗床来育秧培苗如水稻旱育苗等

表1-2仅供参考,至于读者对不同作物采用哪种包根技术,可自主选择。

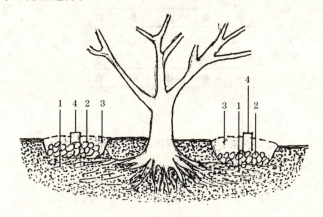

图1-1 单株包根法示意

1. 毛细根密集部分(树冠滴水下沿) 2. 吸附物质 3. 覆盖土 4. 输入孔

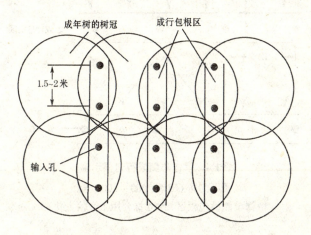

图1-2 树冠交叉成荫的经济果林成行包根示意

(若包根区第一年竖置,则次年改为横置,逐年轮换为好)

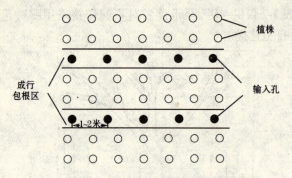

图 1-3 旱作双侧成行包根示意

(密度为每 667 米² 4 000~5 000 株。
若按宽窄行栽培,包根区设在宽行中间)

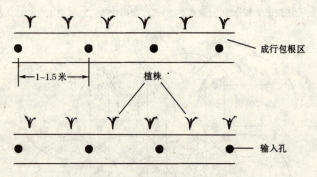

图 1-4 旱作单侧成行包根示意

(密度为每 667 米² 600~1 000 株。
植株单侧设包根区,2~4 株合用 1 个输入孔)

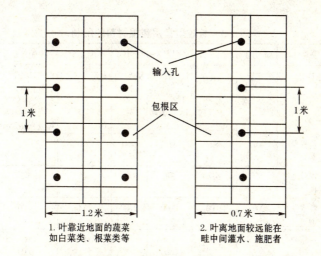

图 1-5　经济价值高的反季节瓜菜"丰"字型成行包根示意
("丰"字型成行包根法常被图 1-3 的双侧成行包根法所取代)

四、包根材料的配制

根据包根材料的理化特性与成分,可以分为长效型和经济型两种包根材料。长效型常用包根材料中的大多数是无土栽培基质,因为根灌(包根法)是在充分利用土壤原有条件的基础上实现基质栽培在大田作物上的应用,即部分基质栽培,也是目前国际上流行的基质栽培的先河。

(一)长效型常用包根材料的配制

长效型包根材料的特点,是作一次包根处理,可使用 5 年左右或更长的时间,只要每年适当补充一些包根专用基肥与有关附加成分即可继续用之。常用的长效型包根材料配制见

表 1-3。

表 1-3　长效型常用包根材料的配制

项　目		配方 1	配方 2	配方 3	配方 4	配方 5	配方 6
基本成分		珍珠岩 1 米^3(来源不多,较贵)	蛭石 1 米^3	1. 石棉(岩棉)0.5 米^3; 2. 膨胀陶粒 0.5 米^3	塑料海绵 1 米^3	人造纤维 1 米^3	1. 煤球渣(炉渣灰)0.8 米^3; 2. 炭化稻壳、麦壳或草木灰、垃圾灰 0.2 米^3
附加成分(克)	包根专用基肥	4072	3827	4212	4841	4141	3871
	团粒结构促进剂	555	522	575	660	565	528
	吸水保水剂	3000	1000	2000	1000	2000	2500
	黏结剂			3000~6000		2000~5000	4000~6000
总空隙度(%)		60 左右	>80	>60	>80	>60	>60
气、水吸附体积比		1:1 以上	1:4 以上(吸水后体积膨胀)	1:2.5 以上	1:4 以上	1:2 以上	1:1.5 左右
pH 值		6.0~6.5	6.0~6.5	6.0~7.0	6.0~7.0	6.0~7.0	6.0~7.0
制备与使用方法		最适于果林、苗木,使用年限长。也可用于一年生旱作	最适于果林、苗木,使用年限长。也可用于一年生旱作	石棉可用下脚料,须加杀虫剂;两种原料混匀,最好再加有杀虫作用的黏结剂 3000~6000 克,加工成包根块。最适于果林、苗木,使用年限长。也可用于一年生旱作	用废旧塑料海绵,粉碎成约 3 厘米×3 厘米×2 厘米的颗粒;适于各种果林、苗木,使用期 5 年左右	可用边、废残、次及下脚料,混合后加 500~1000 克防腐剂,最好再加有杀虫作用的黏结剂 2000~5000 克,加工成包根块或包根束。适于各种果林、苗木,使用期 10 年左右	煤球渣要粉碎成直径 2~3 毫米的颗粒;各原料混匀后,最好再加有杀虫作用的黏结剂 4000~6000 克,加工成包根块或包根粒。适于各种果林、苗木,每年补充一些炭化稻壳、麦壳或草木灰、垃圾灰,使用期 5 年左右

(二)经济型常用包根材料的配制

经济型常用包根材料主要用于一年生旱作,也可用于多年生果林上。用于果林每年晚秋可不施或少施基肥,代之以包根处理即可;若仍施少量基肥,应结合包根处理同时进行。常用的经济型包根材料的配制见表1-4。

表1-4　经济型常用包根材料的配制

项目		配方1	配方2	配方3	配方4	配方5	配方6	配方7	配方8	配方9	配方10
基本成分（米³）	直径2~3毫米煤渣颗粒	√	√					√			
	木屑或直径2毫米左右的树皮粉末	0.7	√								√
	炭化砻糠、稻壳或麦壳		√			√		√			
	砻糠、稻壳或麦壳			0.8							√
	酒糟或饼肥		√(干粉)		√(干粉)	(干粉)		√(干粉)	(干粉)		√
	秸秆(高粱、玉米秆须先碾裂)、蔗渣、杂草				0.8						√
	绿肥					0.7					
	有机质垃圾(应无塑料、玻璃、金属等物)						0.8(干的)				√
	草木灰、垃圾灰		√			√		√	√		
	棉籽壳、树叶及各种硬壳果皮粉末或刨花(刨花要粉碎成直径5毫米以下的小片)							0.7			√

续表1-4

项目		配方1	配方2	配方3	配方4	配方5	配方6	配方7	配方8	配方9	配方10
基本成分（米^3）	蘑菇培养废料(要加杀菌消毒剂)		0.5	√(干粉)	√(干粉)						√
	泥炭					√		√			√
	牛、羊、马、驼、猪、兔、鸡、鸭、鹅等畜禽毛下脚料及骨粉（加入量2000克以内）	√(干粉)		√(干粉)	√(干粉)		√(干粉)	√(干粉)			√
	废棉、废纱或棉纺厂下脚料及破衣、破布								0.8		√
	厩肥或畜禽栏粪草及蚕夷沙(蚕粪)				√	√				1.0	
附加成分（克）	包根专用基肥	3602	3602	3986	3656	3602	3986	4087	4480	388	4087
	团粒结构促进剂	491	491	544	499	491	544	557	611	46	557
	吸水保水剂	3000	1500	3000	3000	3000	3000	3000	2000	1000	1500
	黏合剂	5000	5000	6000	6000	—	6000	6000	5000	—	—

制备与使用方法：
1. 原料栏中，有多种物质的，也包括它们的混合物，如"草木灰、垃圾灰"这一栏除草木灰与垃圾灰外，还有草木灰与垃圾灰的混合物
2. 总量以1米^{3}体积为准，凡以一种原料为主者，则余量选用有"√"的成分，一起补足1米^{3}体积即可
3. 配方9只有一种主要成分；配方10各基本成分不宜超过0.2米^3，凑足1米^{3}即可，并加适量人粪尿沤腐熟再用，用量为每667米^{2}需1米^3。该两配方适合于贫困的旱区使用
4. 夏季用上述有关有机质作原料制成的包根材料，要加水堆沤发酵后再用于包根
5. 保护地栽培或高粱、玉米等高密度旱作所用的包根材料中，可以施加"包根专用CO_2长效颗粒肥"

表1-3及表1-4中的"附加成分"视当地条件而定。没条件的，在一定地区可以不加；在戈壁沙漠地带及干旱地区，最

好要用吸水保水剂。

五、与根灌配套的肥料介绍

根灌系统既能高效节水又能大幅度节肥,为此有一系列与之配套使用的化肥。

(一)包根专用基肥

依照配方施肥的思路,包根专用基肥是根据不同的包根材料中的原料成分所含矿质元素之差异配制的,使包根材料内所含6种大、中量元素(氮、磷、钾、钙、镁、硫)能满足包根材料的有关技术指标的要求。

(二)包根专用 CO_2 长效颗粒肥

对于温室大棚及其他保护地栽培的旱作,或每667米^{2}种植密度在4000株以上的大田旱作如玉米、高粱、甘蔗等,均可施包根专用CO_2长效颗粒肥。方法如下:

方法一 在温室大棚或其他保护地栽培中,所用的包根材料应均匀混入包根专用CO_2长效颗粒肥,每667米^{2}用量6000~7000克,自完成包根处理之日起,约1个月内可持续不断地释放CO_2,使保护地内CO_2的浓度提高70%以上,1周后作物产量或生长量就会有极明显的增加。

方法二 玉米、高粱、甘蔗等C_4作物,光合作用强烈,对它们宜在营养需要量较大的灌浆期,将包根专用CO_2长效颗粒肥,通过输入孔施到包根区之中,用量每667米^2 5000~10000克。可在一个月内,尤其在中午阳光大、温度较高时能释放较多的CO_2,而此时刻正是一般植物光合作用最旺盛之时,正好需要较多的 CO_2。对其他高密度旱作也可类似施用。

(三)包根专用追肥

包根专用追肥与包根专用叶面肥是按照下列 5 项原则计算配制的。

①南、北方土质之差异;

②光线强弱、温度高低(如保护地栽培与大田栽培之差异);

③作物品种;

④栽培密度,如高密度的要加包根专用 CO_2 长效颗粒肥;

⑤广谱与专用追肥(如早熟西瓜、厚皮甜瓜、花卉、蔷薇科与芸香科水果等)。

所以有几十种系列包根专用追肥,以适应不同情况的需要。对此将在专门章节里讨论。

包根专用追肥及包根专用叶面肥的母液浓度在 0.5% 以下,以选择 0.3%～0.4% 为好,其中包括微量元素的母液浓度 140～350 毫克/升即 0.014%～0.035% 的浓度。

要特别声明一点:如果嫌麻烦或条件所限,也可用传统追肥,只不过必须通过输入孔(根灌孔)灌施或喷洒传统的叶面肥。

六、根灌适应不同情况的多种实施途径

根灌系统的实施,可根据各地区的经济技术条件,选择合适的实施途径。对于经济技术发达的地区或现代化农场,可用水塔输液网根基灌溉设备来实施;对于十分贫困的旱区农民,只要肯出点劳力,甚至可以不花一分钱亦可实施。

(一)适合旱区农村的实施途径

1. 包根材料 根据我们研究,包根材料应选用吸附性强、透气性好(孔隙度 60%~80%)、理化性能较稳定、有一定硬度或支撑性的无害物质,最好是专用的"包根块"、"包根束"或"包根粒"。但考虑到我国工农业产品剪刀差较大,干旱地区农村又较贫困,因此尽量"土法"上马,提倡因地制宜选用包根材料,故可采用表 1-4 中配方 9 或配方 10 两种经济型常用包根材料;对于十分贫困的旱区,可用稻草、麦秸或杂草作包根材料,每米长包根沟内需铺草 2.5~10 千克(相当于 5~20 厘米厚),每 667 米^2 用量一般在 500~1 000 千克之间。

2. 包根区与输入孔的形成 包根区的设置用手工操作完成。输入孔可用相应直径的打孔器冲成,亦可用相应直径的棍子作模获得,然后套入直径相当的废弃塑料饮料瓶(将瓶两头割去,呈圆筒形)。对于十分贫困的旱区亦可用泥来糊成输入孔,有条件的可在孔表面涂些石灰(南方)或石膏(北方)浆。孔距据作物情况而定(参见图 1-1 至图 1-5)。

3. 水肥药液的灌施 用手工将水灌入输入孔,亦可将一定量的包根专用肥与农药随水一起施入包根区。施农药主要为防治地下病虫害,应选用非内吸性农药,可避免残留药毒问题的困扰。肥料、农药的数量与种类,取决于作物的品种、生长发育阶段、气候环境情况或病虫害的种类与植株的大小。

以上就是用土办法来实施根基灌溉系统的方案。土法上马的突出优点,是对于贫困旱区的农民,只要肯出点劳力,可以不花一分钱的现金即能达到高效节水与夺取丰产的效果:抗旱用水量只有滴灌的 50%左右,而增产效果可以与滴灌媲美。这一点对于解决世界性干旱缺水问题,亦有重大意义。

(二)经济技术发达地区或现代化农场的实施途径

对于经济技术发达地区或现代化农场,可采用水塔输液网根基灌溉设备来实施,这种方案称为"洋法"。

1. 包根材料 对于多年生经济果林或苗木,其包根材料应选用长效型者。经济条件较好的农场,可选用表1-3中的配方1、配方2或配方4,经济条件不十分好的地方可用配方5或配方6;也可任意选用。对于一年生旱作或苗木,可因地制宜地选用经济型包根材料中的任意一种。

2. 包根区与输入孔的形成 当根基灌溉系统全面推广后,就会有专用的包根机械来进行包根处理,这就如同地膜覆盖兴起之后就有了"覆膜机"一样。为了便于机械化操作,对种植密度为每667米^2 300~1000株的瓜、果、林等旱作可采用图1-4所示的成行包根处理;种植密度每667米^2 小于300株的果、林,可采用图1-6所示的网格式包根处理。输入孔之间的距离控制在1~2米之间,因此孔的多少,视株、行距大小而定,图1-6是个示意图,实际实施时孔的数目可以有所不同。其他情况,可参见图1-2、图1-3、图1-5而定。

这样,就可用拖拉机来犁包根沟,再用手工完成包根处理。对于苗床,则应如下操作:将包根材料平摊于苗床或栽培槽中,厚度为15~25厘米,然后将破旧布或PE、PVC塑料布(膜)蒙盖其上,每1米^2 左右打一直径6~10厘米的孔,插入直径相当的塑料套筒(深入吸附层约5厘米)构成输入孔,并在塑料布上捅些栽培孔即成。

3. 水肥药液的灌施 通过专用的水塔输液网系统来完成水肥药液的灌施。经济条件不十分好的地区,也可采用"土法"中介绍的用手工来灌施水肥药液,形成"半土、半洋"的实

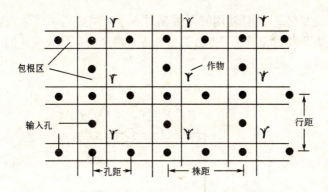

图 1-6 网格式包根处理示意
(这种处理便于机械化操作)

施格局。

上述"根灌"水塔输液网系统,根据其设计要求及不同功能,可分为以下不同形式。

(1)固定式水塔输液网系统 因这种系统需到现场设计,故这里只加叙述。首先在田园里贴地建造一个圆柱形水池,便于加肥料、加农药。池的容积据需要而定,一般不用加防冻层。有一个适当扬程的水泵,由水源将水抽入池中。泵的出水嘴应贴近池壁向下俯冲 30°~45°角,以便在水注入池中时能起搅拌作用,加速肥料、农药溶化。待水够时开启与水池相连的总阀门,通过水泵将池中液体压入输液网的干管中,再经大小不同的分路接头,在干管上分接支管,然后将其出口端放入包根区的输入孔中,这样作物所需的水肥药液便可适时、适量地施入包根区,从而完成根基灌溉的全过程。一般干管常用硬管(如聚氯乙烯管),支管可用软管;但当灌区高程变化大或者灌溉面积很大使得枢纽压力超过 490 千帕(5 千克/厘米^2)时,则支管也须用硬管。在北方大田中,冬季不用时应拆下收藏起来,这样使用时限可超过5年。固定式水塔输液网根基灌溉系统最适用于数百公顷连片的经济果林或成片的大棚温室。见图1-7。

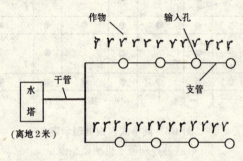

图1-7 水塔输液网示意

(2) Ⅰ型半固定式水塔输液网系统　不建造固定的水池,由一个带动力泵的运液车替代。当灌区面积小时,可用手扶拖拉机运液;而灌区面积稍大时,可用卡车运液(如洒水车稍加改造并加个动力泵)。有电的地方,泵动力用电动机;无电的地方,泵动力用拖拉机或卡车的内燃机。这样,哪里需进行根基灌溉,车就开到哪里,只要将干管的入口接上水泵的出口,启动水泵,即可将水肥药液灌施到包根区。这种类型水塔输液网根基灌溉系统,具有很大的适应弹性。这时支管要用软管。

(3) Ⅱ型半固定式水塔输液网系统　田野中建有水池。干管与支管均采用加强的塑料软管,还有水泵(包括动力),这些都是可以移动的。当哪里需要进行根基灌溉时,就将干管与支管及相应的接头与水泵(包括动力)运到哪里,将干管与支管用接头连成所需的输液管道网络并与水泵、水池相连接,开启水泵即能完成所需的水肥药液的灌施任务。

此类型水塔输液网系统,要求枢纽压力小于490千帕,因此最适于灌区面积不十分大的大田旱作,特别是梯田使用,这时水池亦是梯田中的集水池,一举两得。更简单的是只用一根长软管直接接在供水装置的出口,用手工将水灌入每个输入孔。

(4)移动式水塔输液网系统 田地或温室中不建造水池,由一个带动力泵的运液车替代;干管与支管与相应的接头也是移动的,随用、随(装)接、随铺,铺完后将干管的入口接到水泵的出口上,启动水泵即可进行根基灌溉(亦可采用上述只用一根长管直接接在供水装置的出口用手工灌注的方法)。此种型式水塔输液网系统,最适合于乡村农机站,为一家一户的农民承包田实施根基灌溉之用。也适用于灌溉面积不太大、田地分散的农场与农民使用。其优点是能大大减少输水渠道的渗漏损耗,适用范围广,投资少,并可对外服务,因此投入的资金回收快。支管可用塑料软管,如聚乙烯管。

(5)根基灌溉水塔输液网系统的周转利用 采用根基灌溉系统,在干旱季节,通常最多每周灌1次水,每次每667米^{2}灌水0.25~2米^3,一般1个小时即可灌完,若适当加大水压则流量就会倍增,用不了半个小时即可灌完。严重干旱时最多每周灌2次,每次每667米^{2}灌水0.5~2米^{3}就够了。因此,一套移动式水塔输液网系统,不但天天可以移动,而且一天可移动多次,为不同灌区进行根基灌溉,就是说,一套设备能发挥许多套设备的作用。

若用固定式水塔输液网系统,400公顷(6 000亩)土地有一个180米^{3}的水池,配1~2个6BA-8型水泵(不包括自水源将水抽入水池的水泵)也就够用了。因为1小时至少能灌6公顷,每小时切换一次水泵至干管的供水阀门,则一天运转

10 小时就可灌 60 公顷,一周 7 天,故可完成根基灌溉 420 公顷,即 7 天可周转一次。大旱季节加个夜班一天运转 20 小时,仍能 7 天周转一次。此时 2 个水泵可轮流工作,以便散热。

七、"底膜覆盖——遍地孔"技术与成片包根

(一)"底膜覆盖——遍地孔"技术措施要达到的目的

我国目前常规平作惯用的泼灌(泼浇)与漫灌,其用水量浪费惊人,农用水的生产率还不到 1 千克/米^3。在联合国向全世界发出缺水警报的今天,它们已无继续使用的生命力。

本技术措施达到下述二目的:

其一,干旱地区不但很缺水,而且蒸发量又极大,因此那里要种好庄稼,首要任务是将一年内有限的降水能收集起来。集水的最好办法是水降在哪里,就在哪里就地聚集、保存,并采取一定措施尽量减少蒸发与渗漏,达到"集水保墒"的目的。

其二,本措施适用于种植密度大于每 667 米^2 1 000 株的旱作之节水栽培,特别适合于种植密度大于每 667 米^2 5 000 株的旱作粮棉油及其他经济作物,达到与"经济林根基节水栽培系列技术"(根灌)互相补充的目的,使多种旱作都能纳入高效、低耗节水栽培的系列中来。

(二)底膜覆盖与双膜覆盖技术

1. 底膜覆盖 不少干旱少雨地区,由于渗漏损耗,使一年中少有的几次显效降水量(>10 毫米/天),很快渗漏到 2 米以下的土层中,成为根系所无法利用的无效水。尤其对蓄

水性能差的砂土,渗漏损耗更为严重。为解决这一问题,可在耕作层底下铺上一层厚度不小于 0.05 毫米的聚乙烯塑料薄膜。铺设深度视作物根系情况而定。邻近两膜重叠(搭接) 10~20 厘米。面积大的应采用幅宽 150 厘米以上的塑料薄膜搭接铺覆,易见薄膜越宽,其利用率越高;窄沟则可采用相应宽度的塑料薄膜单独铺覆。使用寿命 10 年左右,膜越厚有效期越长。有关技术指标见表 1-5,并见图 1-8。

表 1-5 底膜覆盖与"遍地孔"集水、节水栽培数据

序号	作物名称	底膜铺设深度(厘米)	每 667 米^2 种植密度(万株)	每 667 米^2"遍地孔"孔数(个)
1	小麦	25	15 左右	大旱 2668,中旱 2280
2	大麦	30	20 左右	大旱 2668,中旱 2280
3	大豆	25	2~4,随种植季节而定	密度 3 万株以上 1810,2 万~3 万株 1718
4	豌豆	25	1~4	密度 2.5 万株以上 1718,1 万~2.5 万株 1045
5	蚕豆	30	0.8~1	行距小于 25 厘米的 1379,行距大于 25 厘米的 1242
6	玉米	30	0.35~0.4	568~856
7	旱稻	25	13	2280
8	水稻(旱植)	25~30	13~25	沟种水稻垄种豆的 2668
9	甘薯	—	0.3~0.5,随种植季节而定	635~952
10	马铃薯		0.6,宜每株留 2~3 茎	693~1041

续表 1-5

序号	作物名称	底膜铺设深度(厘米)	每667米²种植密度(万株)	每667米²"遍地孔"孔数(个)
11	棉花	30(育苗移放)	0.3~0.8,视土壤肥力而定	723~1198
12	油菜	30	1.5~2.5,视平川或山区而定	密度2万株以上1718,2万株以下1379
13	芝麻	25	0.6~1.5,视株型与种植季节变	0.6万~0.8万株时1150,0.8万~1.5万株时1379
14	花生	30	1.8~2.5,视地理条件、种植季节而变	1379~1431
15	苎麻	30(浅根型)	0.1~0.15	356~534
16	黄、红麻	25	红麻1.5~2,黄麻2~2.5	1379~1718
17	甘蔗	30	0.4~0.8(有效茎)	798~1198
18	烟草	—	0.13左右	333~500
19	高粱	—	0.4~1,视秆高矮而变	856~1336
20	粟(谷子)	30	2.5~7	1718~2280
21	黍(稷)	25	4~5	1718~2280
22	薏苡	30	4~5	1718~2280
23	荞麦	30~35	8~16,穴播和条播	大旱2668,中旱2280
24	菊芋	—	0.3左右	495~723
25	蕉藕	—	0.1~0.14	344~517
26	山药	—	0.25~0.45,按种的类型大小而定	602~904

续表 1-5

序号	作物名称	底膜铺设深度(厘米)	每667米²种植密度(万株)	每667米²"遍地孔"孔数(个)
27	魔芋	30	0.2~0.26	495~681
28	绿豆	30(中生植物类)	0.8~1.5	1150~1379
29	小豆	25~30	1~2.5,随播种季节而变	1379~1718
30	豇豆、饭豆	30	1~2.5,视播种季节而变	1150~1718
31	向日葵	—	0.2~0.3	495~723
32	姜	30	0.5	635~952
33	红花	30	1.2~1.5	1150~1379
34	油莎草	25~30	1.5~2.5(穴),每穴1~2棵	1718~1900
35	甜菊	30(扦插繁殖)	0.8~1	1150~1336
36	薄荷	30	4~5,有西洋与中国种之分	1718~1900
37	大田花卉、苗木	15~20(苗木) 25~30(花卉)	行距<15厘米	2688
			行距15~20厘米	1718~2280
			行距25~30厘米	1154~1379
			行距40厘米	872
			行距60厘米	590
			行距80厘米	450

续表 1-5

序号	作物名称	底膜铺设深度(厘米)	每 667 米² 种植密度(万株)	每 667 米²"遍地孔"孔数(个)
38	大田瓜菜、育苗	15(育苗)30(瓜菜)	育苗	2668
			行距 20 厘米	1718
			行距 25 厘米	1379
			行距 30～40 厘米	872～1154
			行距 50～60 厘米	590～704
			行距 80 厘米	450

注:大部分一年生或宿根性草本植物,其根系的 70%～80% 分布于 0～30 厘米的耕作层中,故底膜设置深度达 30 厘米左右即可

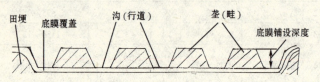

图 1-8　垄沟型底膜覆盖示意

2. 双膜覆盖　见图 1-9,并见表 1-6。垄与沟上面覆地膜,地膜可选用宽度适当、厚 0.006～0.008 毫米的 HDPE 或 LLDPE 超薄膜。

表 1-6　垄沟型底膜覆盖垄宽与沟宽匹配部分参考数值

(单位:厘米)

垄宽	68	68	68	68	206	220	220	208	70～80	113～133
沟宽	68	132	22	52	58	48	46	32	30	30
垄宽	50	50	60	60	120	80	70	90	50	40
沟宽	50	130	60	60	120	30	30	30	30	20

注:垄宽与沟宽的匹配及具体数值千变万化,应根据间作、套(混)种、复种、轮作及当地气候情况来决定,如少雨干旱的地区,垄宽在垄宽加沟宽中所占的比例需大些,以增加产流面

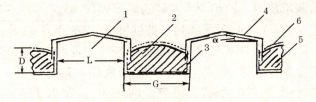

图1-9 垄沟型双膜覆盖示意

1. 垄 2. 沟 3. 沟中的底膜 4. 垄面的地膜 5. 沟中耕作层的土
6. 沟面的地膜 D. 表1-5中底膜铺设的深度 L. 垄宽
G. 沟宽 α. 垄面倾角(取10°左右,或筑成拱形垄面)

(三)底膜覆盖与双膜覆盖的优点

底膜覆盖与双膜覆盖均为周年覆盖,其效果与优点如下:

1. 能集蓄自然降水 对于年降水量200～600毫米的雨养农业区,底膜覆盖能蓄集一年内80%以上的显效降水量;能贮集0.832(垄与沟的地膜覆盖总面积÷底膜覆盖的土地总面积×100%)的无效与微效降水量。无效与微效降水量在有些地方占年均降水量的1/3～1/2,越是干旱少雨的地区,它们所占的比例越大。

2. 渗漏与蒸发损耗小 尤其是垄沟型双膜覆盖栽培法,几乎无渗漏与蒸发损耗,达到了集水又节水的目的。

3. 可免耕少污染 因底膜无阳光直射与风的影响,又有土层保护,所以使用寿命可超过10年,还希望用的时间越长越好,故不存在地膜那样的"白色"环境污染问题。对垄沟型的垄面或沟面覆盖的超薄膜,也不必每年都换,只要在十分破烂的地膜(旧地膜不取下)上面覆盖一层新的地膜即可继续使用,以减少污染与成本。

4. 成本低于滴灌、渗灌、喷灌与雾灌 采用垄沟型底膜覆盖栽培技术,每667米²需聚乙烯薄膜(0.05毫米厚)32.9千克左右,每吨9600元人民币的批发价(1998年春)计算,每667米²的一次性现金投入不超过316元。若采用垄宽和沟宽均为68厘米的模式,每667米²需底膜与地(面)膜少于31.3千克,约300元;若采用垄宽68厘米、沟宽22厘米的模式,则需底膜与地(面)膜少于25.0千克,不超过240元。可见,底膜覆盖与双膜覆盖技术的一次性现金投入均显著小于滴灌与雾灌,也小于喷灌与渗灌;而滴灌、渗灌、喷灌与雾灌无集水功能,又有大量的蒸发或渗漏损耗。

5. 适用面广 不少雨养农业区,很难找到水源来灌溉,因此即使有钱也无法搞滴灌、渗灌、喷灌与雾灌,但可以搞底膜覆盖或双膜覆盖,解决了雨养农业"集水+节水"栽培的难点。

(四)"遍地孔"与成片包根

1. 遍地孔打孔器 本措施中的"遍地孔",是指用图1-10所示的专用工具在栽培作物的田块上,按表1-5中所示的"遍地孔"孔数,在作物间普遍打孔,然后往孔里塞入一些包根材料,构成"成片包根",从而达到集水、吸水与保水的目的。将来"遍地孔"节水栽培技术全面推广后,可设计专用的机械来打孔。图1-10中"1"是打孔嘴,钢质,尖头部实心,后端可以是空心的;"2"是弧形背凸,曲率半径(R)15厘米,使打的孔口能低于地平线,便于集水;"3"是脚踏铁板,与打孔嘴的中线相垂直,便于操作用力;"4"是装把(柄)的孔,孔径40~45毫米、孔高5厘米;"5"是木把(柄);"6"是手柄,粗细以手能握紧为宜,其直径约40毫米;$L \geqslant 33$厘米;$\alpha = 180° - \beta + \gamma$,这里取$\beta = 150° \sim 155°$,$\gamma = 20°$,则$\alpha = 45° \sim 50°$;d为打孔嘴的俯视宽度,其值以使打出的孔的容积$V = (S \times L)/3 > 0.002$米³(2000毫升)为宜,这里 S 是打孔嘴后端的截面积,等于 13 厘米 × d,本例 d = 15 厘米。

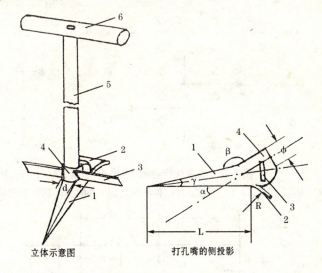

图 1-10 "遍地孔"打孔器 (ZL02286775.9)

1. 打孔嘴 2. 弧形背凸 3. 脚踏铁板
4. 装把(柄)的孔 5. 木把(柄) 6. 手柄

2. 实施方式 用遍地孔打孔器按表1-5要求孔数在栽培作物的田间打孔。打孔时,应使用冲力,并使孔与地平面成45°左右倾角,孔口宜偏北,这样可避免太阳直射,减少水分蒸发;孔口与地面交界处,要低于地平线,以便汇集雨后径流,充分利用大自然恩赐(内源)的降水。

孔在田间的分布是这样的:若作物是成行种植,则两行作物合一排孔,相邻两排孔需相互错开一定距离,以利于扩大孔对庄稼的作用面,也可增加孔对雨水的截集能力,如图1-11所示。若遍地孔的孔数高达每 667 米² 2 668 个时,则可按每平方米打 4 个孔的模式进行,如图1-12。

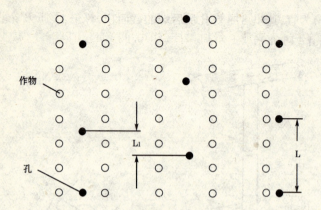

图 1-11 作物成行种植"遍地孔"示意

(L 为孔距,长 1~1.5 米;L_1 为相邻两排孔错开的距离,等于 1/2L)

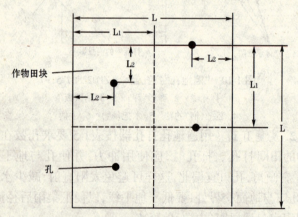

图 1-12 作物成片包根"遍地孔"示意

(L = 1 米,L_1 = 1/2 米,L_2 = 1/4 米)

孔打好后,接着往每个孔里塞入 0.001 米³ 以上、具有强力吸水保水功能的包根材料,要求塞到孔底。然后向孔中注水,直至灌满为止。可同时在水中带肥,化肥浓度不超过

0.5%,一般掌握在 0.2%~0.3%,也可用发酵过对 4 倍以上水的稀薄人粪尿。最后设法(如用草团)将孔口盖住,减少水分蒸发。

当大旱之时,遍地孔的孔数可在原上限值的基础上扩大 1.2 倍。但若此值超过 2 668(个)孔,则以取 2 668 为限,即相当于每平方米 4 个孔。

3. 效果与优点

(1) 集水　打孔后增加了地表的粗糙度,故可减缓和减少雨后径流,并能汇集雨后径流,按每 667 米^2 打 1 718 个孔计算,孔的容积>3.44 米^3,由于汇入孔中的水还会向孔四周渗透一部分,故实际截流量每 667 米^2 可达 6~8 米^3。

(2) 节水节肥　水、肥可同时注入孔中,由于孔中塞入了有强力吸水、保水功能的包根材料,故蒸发、渗漏很少。水、肥又在根际附近,相当于喂到植物的"嘴巴"里,故利用率甚高,既节水又节肥。用此法抗旱,每月每 667 米^2 有 2~8 米^3 的水就可以,大旱之年也不超过 12 米^3。"遍地孔"对土壤还有镇压提墒的作用。

(3) 适应面广　在作物定植前(最好),或在定植后作物生长发育的任一阶段,均可按需要进行"遍地孔"的操作,时间上有很大的适应性。方法简便易行,可土法上马,适合我国及发展中国家的农村推广使用,空间上适用范围很宽。另外,该法对于每 667 米^2 密度超过 1 000 株的旱作均适用,故使用对象亦很广。

(4) 无环境污染　"遍地孔"节水栽培技术符合"可持续发展"的要求,因为塞入孔中的包根材料能改良土壤,使之团粒结构化。将来底膜覆盖遍地孔高效综合节水栽培技术全面推广后,可设计专用机械来完成对它们的设置工作;而铺设底膜则可通过喷涂塑料树脂溶液的办法来实施。

八、根灌孔成形器、根灌孔护套与根灌漏斗

(一)根灌孔成形器

1. 冲击式根灌孔成形器 见图 1-13。当包根区覆盖完原来挖出的土壤后,即用冲击式根灌孔成形器在一定位置按一定距离冲洞(孔),然后将根灌孔护套套入此洞中,即完成包根操作。冲击式根灌孔成形器适合一切土壤类型,但不适用于戈壁沙漠地带。

2. 脚踏式根灌孔成形器 见图 1-14,图 1-15。当包根区覆盖完原来挖出的土或沙后,即用脚踏式根灌孔成形器通过手柄用力压洞(洞按一定位置和一定距离设置),然后将根灌孔护套套入此洞中,即完成包根操作。当脚踏式根灌孔成形器从土中或沙里拔出后,在成形器腔体里充满了土或沙,这时只要将成形器的踏脚板用脚踩一下,把腔体中的土或沙推到外面即可。脚踏式根灌孔成形器,适用于戈壁沙漠及各种类型的土壤。

(二)根灌孔护套

根灌孔护套见图 1-16。根灌孔护套上的缺口是放置导管用的,缺口的大小视导管的粗细而定。

(三)根灌漏斗

根灌漏斗见图 1-17。通过根灌漏斗向输入孔(根灌孔)灌施水肥药液。

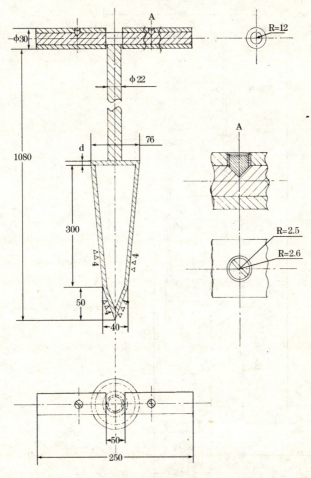

图 1-13 冲击式根灌孔成形器 (单位:毫米)

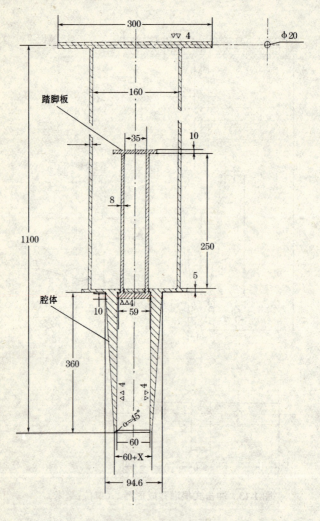

图 1-14 脚踏式根灌孔成形器(剖面) (单位:毫米)

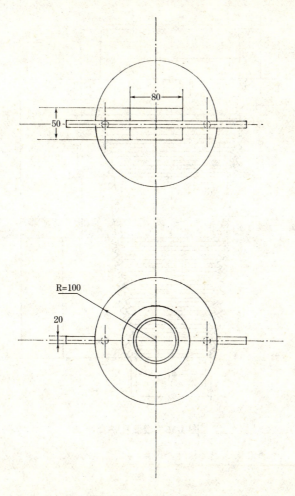

图 1-15 脚踏式根灌孔成形器(正投影) (单位:毫米)

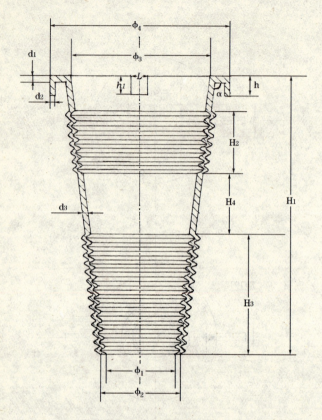

图 1-16 根灌孔护套

图 1-17 通过根灌漏斗向包根区灌施水肥药液

九、电脑控制带导管的根灌系统

(一)带导管的根灌设施

1. 技术领域 本实用新型涉及高效节水灌溉设施,特别涉及发明专利 ZL97103541.5"植物根灌节水栽培方法"的实施。

2. 背景技术 在本实用新型提出之前,在实施发明专利"植物根灌节水栽培方法",要一个一个地在根灌孔处灌水或施一定浓度的化肥、农药和植物生长调节剂的水溶液,浪费了人力;"根灌孔"就是发明专利"植物根灌节水栽培方法"中所述的包根区上的"输入孔"。

3. 发明内容 本实用新型提出的目的,就在于克服上述的缺陷。本实用新型的技术方案是:带导管的根灌设施,其特征在于一排根灌孔护套的上方,放置一根导管,导管的一头接在有一定压力的液源上,导管的尾端是封闭的,根灌孔护套上端的左右两边专门有个凹槽,用来放置导管,根灌孔护套是套在根灌孔里面的衬套,导管下方对着根灌孔处有不少于一个的小孔,经过导管上的小孔给包根区灌施水肥药。

本实用新型的优点和效果,在于利用在一排根灌孔护套上面放置一根导管,使水或一定浓度的化肥、农药或植物生长调节剂的水溶液经过导管上的小孔,通过根灌孔灌施到包根区,如此"植物根灌节水栽培方法"不要顺着包根区一个一个地给根灌孔灌施水肥药了,达到了既高效节水又节约人力资源的目的。

4. 具体实施方式 见图1-18,图1-19。

如图1-18所示,导管铺在根灌孔护套的上方,根灌孔及其护套在包根区上面,包根区的两侧种植作物,包根区及作物在垄的上面,垄的两侧是垄沟,是人用来行走操作的过道。图1-19是带导管的根灌设施的另一种实施方式,包根区单侧种植作物。根灌孔之间的距离视作物种植密度而定。

5. 专利号 ZL200620003561.8是本实用新型的专利号,是实现水塔输液网的一种方式。

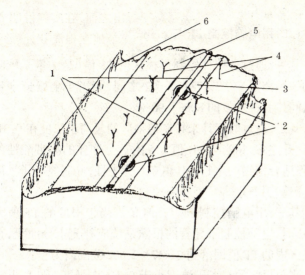

图 1-18 带导管的根灌设施示意

1. 导管 2. 根灌孔护套 3. 包根区 4. 作物 5. 垄 6. 垄沟

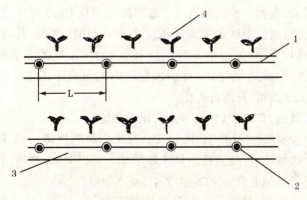

图 1-19 带导管的根灌设施的另一方案示意

1. 导管 2. 根灌孔护套 3. 包根区 4. 作物

L. 根灌孔距离(视作物密度而定)

(二)用电脑控制 PF 与 pH 值

其一,通过负压计控制包根区的 PF 值(是衡量土壤吸水力的一种测定)在 2.477~2.602 之间,相当于土壤持水量处于田间最大持水量的 80%~90%。

其二,通过酸度计来控制包根区的氢离子浓度在 0.31623 微摩/升左右,相当于 pH 值 6.5 附近。这样的略带酸性的土壤,很适合植物的生长(pH 值 7.0 为中性,此时氢离子浓度为 0.1 微摩/升)。

其三,用电脑控制 PF 与 pH 值。当包根区的 PF 值大于 2.602 时,电脑控制带导管的根灌系统应补充水分灌溉,直到包根区内的 PF 值回落到 2.447~2.602 范围内为止。

当包根区的氢离子浓度小于 0.31623 微摩/升时,电脑控制带导管的根灌系统应补充 0.3%浓度的乙酸(醋酸、醋精)或磷酸,直到包根区的氢离子浓度回升到 0.31623 微摩/升附近为止;当包根区的氢离子浓度大于 0.31623 微摩/升时,电脑控制带导管的根灌系统则应补充 0.3%浓度的氢氧化钾(苛性钾)或氢氧化钙,直到包根区内的氢离子浓度下降到 0.31623 微摩/升附近为止。

其四,有关 pH 值调节剂的化学性能。

①醋酸($C_2H_4O_2$):16℃以上为无色透明液体,16℃以下为叶状结晶,有刺激性的臭味和酸味。可以同水、酒精、甘油以任意比例混合。pH 值为 2.4(6%水溶液)。

②磷酸(H_3PO_4):无色透明稠厚液体,无臭,酸味度为 2.3~2.5,具有较强的收敛味与涩味的酸味。一般浓度为 85%~98%,如再浓缩可得无色柱状结晶体。易潮解,可与水和乙醇混溶。属无机强酸。

③氢氧化钾(KOH)：强碱,易溶于水。

④氢氧化钙[Ca(OH)$_2$]：石灰水,20℃时溶解度为1.65克/升水。

其五,溶液的氢离子浓度与溶液对应的pH值,见表1-7。

表1-7 溶液的氢离子浓度与其pH值的换算

溶液氢离子浓度（微摩/升）	溶液pH值	溶液氢离子浓度（纳摩/升）	溶液pH值
1000	3.0	31.623	7.5
316.23	3.5	10.0	8.0
100.00	4.0	3.1623	8.5
31.623	4.5	1.0	9.0
10.00	5.0	0.10	10.0
3.1623	5.5	0.010	11.0
1.0	6.0	0.0010	12.0
0.31623	6.5	0.0001	13.0
0.10	7.0(中性)	0.00001	14.0

注:1微摩=10^{-6}摩尔;1纳摩=10^{-9}摩尔

我们研究根灌技术已有40多年了,技术已很成熟,拿来就可用,有实力、有远见的企业家可生产根灌设施,能畅销世界,又可申请专利,具有自主的知识产权。需要开发这个项目的企业家,可与笔者联系。

十、根灌与植物工厂化

(一)植物工厂化的理念

我们认为,现今的科学技术已发展到这样一个阶段,即要求我们实现下列两项变革:工程技术的仿生化与生物系统的工厂化。

仿生化见之于机械,就是借助于电子技术实行整个工业的自动化,从而提高生产效率;仿生化落实于化工,就是模仿生物的合成机制,解决食物与工业原料的来源。工厂化就是模仿机械,把可控性移植于生物上,使原来是自然的化工厂的生物变成人为控制的化工厂,达到速生丰产的目的。这有待于生理学的发展提供现实条件。两方面构成一组矛盾:

$$生物 \underset{仿生化}{\overset{工厂化}{\rightleftharpoons}} 工业 \quad (1.1)$$

广义是:

$$自然系统 \underset{自然化}{\overset{控制化}{\rightleftharpoons}} 人为系统 \quad (1.2)$$

例如,造拦河坝控制水源又用于发电,那么这条河流即从自然向人为系统转化了;又如"声纳"的改革有待于对蝙蝠定位器机制的进一步研究,这属于工业仿生化。

"植物工厂化"是这项工作的一小部分。就是要进一步控制植物,逐步使植物像机器那样听人使唤,这就使植物变成人为的有机物合成化工厂了,以达到速生丰产的目的。即有下列关系式:

$$\underset{(水、肥料、二氧化碳等)}{原料} \longrightarrow \underset{(植物)}{工厂} \longrightarrow \underset{(水果、五谷等有机物)}{成品} \quad (1.3)$$

质言之,"植物工厂化"就是使人类在植物王国里获得进一步自由的科学实验。

因为植物的一切生命活动的物质基础与动力都来自于营养代谢,而生长发育仅是营养代谢的外在综合表现,因此控制营养代谢是实现"植物工厂化"的主要矛盾。

(二)根灌是实现大田植物工厂化的有力措施

根灌能对植物的营养代谢实现部分控制,能有效防治地下病虫害及地上部分植株的病虫害,并能通过黄腐酸等植物生长调节剂控制植物的水分代谢,从而实现部分控制植物生长发育的目的,这就达到了植物工厂化尤其是大田植物工厂化的部分目标。

黄腐酸别名抗旱剂一号、旱地龙。为灰黑色粉状物质。溶于水,水溶液呈酸性,无毒,在自然环境中稳定。遇高价金属离子易絮凝。是广谱的植物生长调节剂,能促进植物根系发育,帮助营养元素的吸收,提高叶绿素含量,促进光合作用,尤其能适当控制作物叶面气孔的开放度,减少蒸腾,对抗旱有重要作用。

用 0.2%~0.3%浓度的黄腐酸,平均分配到 667 米^2 农田的根灌孔里,经根灌孔施入就能起到抗旱作用。用量每 667 米^2 100~150 克,对水 50 升,最好见其使用说明。

C_4 植物的高同化速度是由叶解剖的"Kranz"特征有关,因为它可以加速光合产物的运输;许多 C_3 植物的叶具有背-腹结构,和具有"Kranz(花环型)"结构的 C_4 植物比较,C_3 植物的叶具有大的空气——液体接触面,对于抵抗干旱是相当不利的,如水稻、小麦、大豆、菠菜。这同 C_4、C_3 植物的起源有关:C_4 植物起源于赤道地区,它的"Kranz"型叶结构,是对当地严酷的气候和环境条件如强烈的日光照射、极高的温度和干旱的一种适应性;C_3 植物生长在气候温和、日照强度较低且供水充分的温带,便无须这样的解剖结构。

第二章 带根灌剂的根灌技术及其应用

一、根灌剂的作用与机制及根灌技术应用的注意事项

(一)根灌剂的作用与机制

1. 吸水保水剂概述 吸水保水剂(SAP)是一类功能性高分子聚合物,英文全称为 Super Absorbent Polymers。这类物质含有大量结构特异的强吸水基因,它能吸收自身重量几百倍至上千倍的蒸馏水,溶胀成为半固态水凝胶,不能用一般物理方法将水挤出,加热也不易蒸发,而后慢慢释放水分,并可以反复释放和吸收水分,有很强的保水性(图2-1)。应用涉及多个领域,现主要介绍它在农林方面的应用。

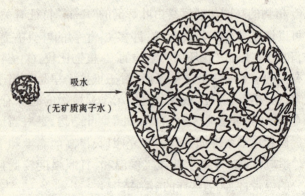

图2-1 吸水保水剂吸水溶胀示意

2. 吸水保水剂(根灌剂)的吸水与保水机制 根灌剂是专用于农林生产的吸水保水剂,在国内少之又少,亟待研制与开发。保水剂英文名是 Water-retaining agent,是国内外对农用 SAP 的统称,它与其他用处的 SAP 在合成原料和性能上有所区别。在化学上,保水剂称为"高吸水、保水树脂",在分子中带有大量的羟基、羧基或酰胺基等亲水基因,又是一种交联的三维体型网状结构,遇水后网状结构撑开,蓄水空间增大,持水能力增强,它所吸持的水分主要保持在 0.1~0.5Bar 低吸力范围,在 15Bar 吸力内的土壤水分植物都能很好地吸收利用。保水剂吸持的水分被包裹在无数微小胶囊内,能大大降低水分的自然蒸发率。施入土壤中的保水剂,保水时间可达 60 天以上。吸收水分的多少,不受温度的影响。农用吸水保水剂的 pH 值一般为中性(弱酸性或弱碱性),产品无毒,使用安全。电解质如 $NaCl$、K_2SO_4 等会使吸水剂的吸水性下降,但像尿素之类的非电解质少影响吸水剂的吸水性(图 2-2)。故在盐碱地区的硬(苦)水,因 $CaCl_2$、$MgSO_4$ 含量高会使根灌剂吸水倍数与使用寿命降低很多。见表 2-1。

表2-1 不同类型吸水保水剂吸水倍数(D)及其与标准吸水倍数之比(d)

测试条件		玉米淀粉接枝型		丙烯酰胺-丙烯酸盐共聚物型		聚丙烯酸盐型		丙烯酸盐-淀粉接枝型	
类别	项目	D(克/克)	d(%)	D(克/克)	d(%)	D(克/克)	d(%)	D(克/克)	d(%)
盐溶液(浓度1%)	硫酸钾	36.6	15.28	20.8	18.54	41.8	7.39	45.8	15.44
	碳酸氢钠	37.6	15.70	23.6	21.03	55.4	9.94	59.0	19.89
	氯化铵	39.2	16.37	19.0	16.93	24.4	4.38	36.4	12.27
	磷酸氢二铵	35.6	14.86	19.0	16.93	38.8	6.96	46.8	15.78

续表 2-1

测试条件		玉米淀粉接枝型		丙烯酰胺-丙烯酸盐共聚物型		聚丙烯酸盐型		丙烯酸盐-淀粉接枝型	
类别	项目	D（克/克）	d（%）	D（克/克）	d（%）	D（克/克）	d（%）	D（克/克）	d（%）
肥料溶液（浓度1%）	尿素	68.2	28.48	79.0	70.41	291.0	52.21	169.2	57.04
	硫酸钾	36.6	15.28	20.8	18.54	41.8	7.50	45.8	15.44
	硫酸铵	41.0	17.12	22.6	20.14	46.8	8.40	23.2	7.82
	氯化铵	39.2	16.37	19.0	16.93	24.4	4.38	36.4	12.27
	磷酸氢二铵	35.6	14.86	19.0	16.93	38.8	6.96	46.8	15.78
	黄腐质酸（旱地龙）	45.0	18.79	30.2	26.92	42.2	7.57	60.2	20.30
酸碱溶液（pH值）	盐酸(5.5)	157.04	65.57	71.6	63.81	218.7	39.24	172	57.99
	硫酸(5.5)	98.8	41.25	86.0	76.65	397.6	71.33	160.2	54.01
	蒸馏水(7.0)	239.5	100.00	112.2	100.00	557.4	100.00	296.62	100.00
	氢氧化钠(8.0)	110.8	46.26	106.2	94.65	385.2	69.11	226.6	76.39
	氢氧化钙(8.0)	94.91	39.63	86.13	76.76	223.45	40.09	184.15	62.08
土壤（pH值）	草炭土(6.0)	80.79	33.73	79.40	70.77	189.20	33.94	157.82	53.21
	黄壤土(6.5)	88.87	37.11	110.33	98.33	259.17	46.50	186.42	62.85
	黑土(7.0)	103.2	43.09	48.0	42.78	141.2	25.33	119.8	40.39
	盐碱土(8.0)	70.8	29.56	39.6	35.29	108.0	19.38	97.8	32.97
	黄沙(6.5)	113.45	47.37	64.33	57.34	276.70	49.64	173.23	58.40
标准吸水倍率（蒸馏水，pH值7.0）		239.5	100	112.2	100	557.4	100	296.62	100

注：1. 除丙烯酰胺-丙烯酸盐共聚物之外，其他吸水保水剂均为国产的

2. 表中数据表明，丙烯酰胺-丙烯酸盐共聚物、聚丙烯酸盐吸水性能少受外界水肥条件的影响，性能比较稳定

3. 表中数据表明，不同土壤最好用不同的吸水保水剂

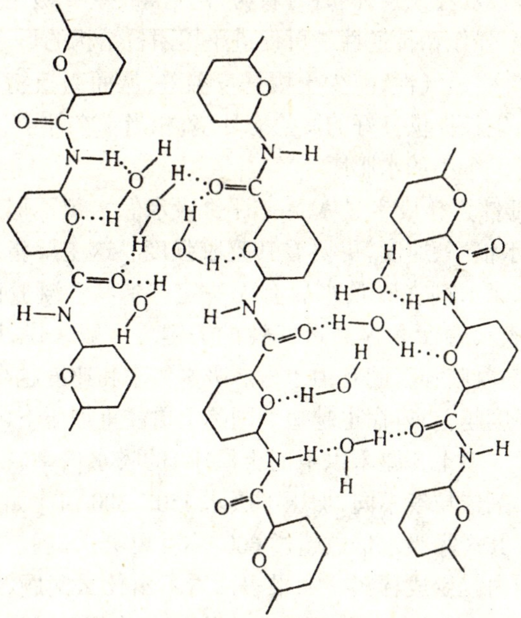

图 2-2　吸水保水剂中亲水性微区中的吸水形态模式

目前,国际上有两大类农用 SAP,即淀粉接枝丙烯酸盐共聚交联物和丙烯酰胺-丙烯酸盐共聚交联物。粒状聚丙烯酸盐吸水剂使用寿命长达几年,如果其盐完全是钠型的,则对植物和土壤带来不利,钠在一定含量下,尚可使用。淀粉是天然高分子,便宜但易于降解,其吸水能力比聚丙烯酸盐差,使用寿命仅 2~3 个月。根灌剂合成,就是综合了上述成分的特点优化组合的结果。

3. 吸水保水剂对植物的作用　具有先进水平的吸水保水剂,应是对环境无污染、无毒副作用的高科技绿色产品。它具有吸水、保水、抗旱、保墒、节水等功能,还能供给植物生长所需的多种营养元素,同时对农药、化肥等能起到吸附与缓释作用,能增强作物抗逆性。可促进土壤团粒结构的形成,提高土壤吸水性、透气性,减少土壤昼夜温差,从而为植物种子发芽、发育、生长提供良好的微生态环境,相当于在种子、根系周围设置了一个小的水肥库。

4. 如何选择吸水保水剂 评价吸水保水剂不但要看其组成、吸水倍率、速度,更要看其凝胶强度。这主要指拌土使用的吸水保水剂在吸足水后有无一定的形状。凝胶间不粘连,这是表示寿命和提高透气性的关键。一般来说,吸水倍率、速度与凝胶强度间互为矛盾。吸水倍率和速度越高,保水剂凝胶强度越差,寿命也越短。国际上更注重加压下(保水剂一般要掺入表土 5 厘米以下的土层中)的吸水倍率。聚丙烯酸盐保水剂依粒度不同,加压下吸水 150~300 倍。如果某个公司介绍其产品吸水倍数超过 600,你就要吸水试验一下,是不是一周内就变成稀汤。如果表面看不出什么问题,为谨慎起见,除请教有关专家和索要无毒报告(经中国预防医学科学院毒理检验),还要进行直接吸水试验,观察可否反复吸水放水,吸足水后凝胶有否一定强度,有否较多孔隙。如果有孔隙,根系方可穿透,水利用率就高。只要经过 2~3 个月的室内反复吸水放水观察,就可断定其真假与优劣。

(二)冯氏根灌剂简介

1. 执行标准 Q/T SKW1—2005。

FJC-强力吸水保水剂(根灌剂),是专用于作物的吸水保水剂,商品名为旱地神。无毒、无害、无臭。能吸收并保存自身重量数百倍至上千倍的水分,雨时贮水,旱时释水,成为植物根部的"小水肥库",促进植物速生丰产。它可与任何肥料、农药配合使用,同时能吸附它们,使之缓慢释放,提高利用率,适用于一切作物尤其是旱地作物——瓜菜、果树(鲜果、干果)、林木、园林、园艺、花卉、草坪和城市绿化及改造沙漠等,为干旱地区脱贫致富带来福音。

根灌剂中的"旱地神"分为两种形式:一种是软块状(块状旱地神),吸水倍率200以上,价格比较便宜,适用于当地使用和内销;一种是干(颗)粒状(粒状旱地神),吸水倍率400以上,适宜远销和外销。

2. 主要成分 聚丙烯酸盐。

3. 使用效果 与国家级科技成果和发明专利"根灌"(成果编号97100401A,发明专利号ZL97103541.5)配套使用,用量最省、效果最佳,故名"根灌剂(胶)"。见表2-2。

表2-2 不同灌溉方法抗旱节水效果比较

灌溉方法	旱季每月每667米^{2}用水量(米^3)	地面蒸发	地下渗漏
用"根灌剂"的根灌	2~12	少	少
渗 灌	20	少	多
滴 灌	50以上	多	少
雾 灌	50以上	多	少
漫 灌	100以上	多	多

FJC-强力吸水保水剂(根灌剂)与根灌法配套使用,在节水的前提下,一般可增产20%~80%,净收入(扣除成本)也可相应增加。

4. 参考用量及使用说明 见表2-3。

表 2-3　根灌剂参考用量及使用方法

使用对象		参考用量	使用方法
作物密度在每 667 米² 5000 株以上		每 667 米² 用 2～3 千克	将吸水保水剂干品与肥料混合后均匀地洒在地面,然后用旋耕机翻至地下 15 厘米左右,充分浇水,即可种植
大棚或露田瓜、菜与豆类		每 667 米² 用 2 千克	用根灌法:将吸水保水剂干品用数百倍的水(雨水最好,或河水、井水)浸泡 12 小时后即成水凝胶块,把它放在种植沟的底部(约 1～2 厘米厚),其上铺农家肥,上面再铺有机垃圾或秸秆、杂草、树叶、中药渣等,再覆土 10 厘米厚。每隔 1～2 米留一个根灌孔,孔底直达有机垃圾及秸秆等层面,用于灌施水肥和农药,并起通气作用。也可直接施吸水保水剂干品在种植沟底部,根灌处理结束时要浇透水。种植沟在植物毛细根最密集的地方,视环境情况定期浇水
果树	幼龄	25 克左右/株	
	成年	40 克左右/株	
甜瓜、香瓜、南瓜、北瓜、西瓜、哈密瓜、冬瓜等		每 667 米² 用 2～3 千克	
植树造林	大苗	20 克左右/株	
	中苗	15 克左右/株	
	小苗	10 克左右/株	
大树移栽		据土坨大小而定,土坨下部的 1/3 处要置于根灌剂水凝胶中	
改造沙性土壤及盐碱地		每 667 米² 用 3 千克左右,沙漠地带一律倍增	
花卉、盆景		直径 25 厘米的花盆每盆 3 克左右	将吸水保水剂干品按规定量与盆土混合均匀,然后装入花盆或花坛底部,上面再放土种植花卉,最后充分浇水。每浇透一次水可保持 3 周不浇水,最好能留根灌孔
花坛		每平方米 100 克左右	
城市草坪		每平方米 3～4 克,地处沙漠的城市用量倍增	将吸水保水剂干品浸水成水凝胶,像贴瓷砖那样,在地面均匀地涂抹水凝胶,然后将草皮铺上去,定期浇水即可

(三)根灌技术应用要点及注意事项

使用根灌在干旱地区的林果、瓜菜等旱作栽培时,为了体现出根灌用于作物栽培的优点,在使用时应准确掌握其技术要点和应注意的事项。

第一,首先要将根灌剂(FJC-强力吸水保水剂)泡在水中(比例为根灌剂:水 = 1:200~250),经12小时后根灌剂即充分发胀成水凝胶,待用。水可以用自来水、河水、雨水(最好)或井水(最好用深井水即"甜水")。在土壤盐碱性强的地方,水的盐碱性也强,影响发水倍数,最好用蒸馏水来发根灌剂,这样根灌剂的用量可大大减少。蒸馏水 30~50 元/米^3,可以从自来水厂或发电厂购买。水凝胶在太阳光直射下会水解,故不会污染环境,还能改良土壤。

第二,挖一条根灌沟,必须宽 25~30 厘米、深 30~50 厘米。这样设置包根区可填充足够的缓冲物质,透气与集水。

第三,将根灌剂的水凝胶放于根灌沟内,一般厚度为 2 厘米左右。保水剂(根灌剂)层不但可切断包根材料灌水饱和后下渗的途径,还可堵塞地下毛细管,阻止地下水上升,防止土壤盐碱化,再是可将多余水吸附在自身体内。保水剂层吸收水分膨胀后,可松动包根区,增加空隙,促进空气交流。保水剂层可为上部包根材料提供水源,满足进入包根区的植物根毛对水分的需求。

在根灌剂的水凝胶上面,加压腐熟的基肥(农家肥),上层再铺压秸秆、杂草、树叶或有机垃圾等缓冲物质。高度应略超过地平面。秸秆不必切碎,可首尾交叉相接铺设,以充分利用秸秆茎内纵向传导功能,将灌入包根区的水分、养分输送到整个包根区内。下一步在根灌沟里浇灌足够水,使包根材料的含水量趋于饱和,以便踏实缓冲(吸附)物质,增加包根区缓冲材料的密实度。踏实后的缓冲物质应与地平面相平。

如果踏实后低于地平面,则需要再加缓冲物质。需要注意的是,不能用再生能力强的杂草如芦苇,因为埋下后,1~2个月又会长出新的杂草来,并且很茂密,与作物争夺地下包根区中的营养。另外,所用基肥必须是充分腐熟的。在放稻草、麦秸等秸秆时,应避免部分秸秆露在外面,否则会蒸发包根区的水分,影响作物的吸收。

第四,把根灌孔护套的小头埋入草等缓冲物质中间,上端应稍微大一些(可用去底的可乐饮料瓶代用)。

根灌孔护套应插在根灌沟的中央,必须垂直,每1~2米插入1个,离根灌沟头尾边距以60~100厘米为宜。插入的根灌孔护套应是2/3在地下、1/3在地面上外露,这样便于浇水肥药。接着将原来挖起的土填回根灌沟。回填后要比地平面略高(不需踏实回填的土,以便汇集雨后径流),但比根灌孔护套上端要低些。见图2-3。

第五,在填完土后,禁止人踏在沟中央。然后用一些杂草搓成小团,放在根灌孔护套的半中间(草团下面不能接触包根区的缓冲物质),起到抑制包根区水分蒸发的作用,同时不影响通过根灌孔灌水和施用肥料及农药。

第六,畦型为"八"字坡形,以防止作物栽培的畦两边往内倒塌。畦(垄)宽70~100厘米。畦间是人行道(沟),宽30厘米。

按规定尺寸开挖包根区

铺设根灌材料(下铺根灌剂水凝胶;中铺农家肥;上铺稻草、麦秸等秸秆,也可用杂草、树叶、中药渣或有机垃圾等)

安装根灌孔(孔径8厘米,长25厘米,孔间距1~2米)

覆　土
(图为冯晋臣教授在指导)

图 2-3　成行"根灌"操作过程
(1999年9月16日摄于水利部桂林南方试验站)

二、管(大)棚番茄根灌与滴灌试验效果的对比与统计分析

(一)试验目的

为了比较根灌与滴灌的节水增产效果,我们特意在上海冬季塑料大棚里进行试验。因为塑料大棚里淋不到雨和雪,作物纯粹靠人为灌溉补充水分,所以根灌和滴灌的灌溉用水量比较准确,试验数据经统计分析的可靠性为99%。

(二)试验经过与结果

1. 根灌示范

(1)实施方法 该项目的示范工作安排在宝山园艺二分场进行。二分场将河东从河边开始由西向东的1号、2号、3号、4号4个管棚作为试验、对照示范园。试验人员于1997年12月25日进驻二分场,由于4个管棚地处低洼,加上雨水连绵,棚里积水严重,故到1998年2月4日才开始定植。供试作物为番茄,品种为洋红包丰3号。设试验区与对照区各3个,面积共0.08公顷。其中1号棚与2号棚,在同一个棚里一半作试验,另一半作对照;因为朝东方向的植株长势比西边方向的要强些,因此1号棚东边的一半(2畦)为根灌(试验)区,西边的一半(2畦)为滴灌(对照)区;而2号棚反之,西边的一半(2畦)为根灌(试验)区,东边的一半(2畦)为滴灌(对照)区。这样设置便抵消了试验中方向因素的影响,比较科学。3号棚与4号棚是紧挨的邻棚,以3号棚全棚(4畦)为根灌(试验)区,4号棚全棚(4畦)为滴灌(对照)区,这样设置的

好处是试验与对照各自的好、坏因子不会串混和相互影响。见图2-4。

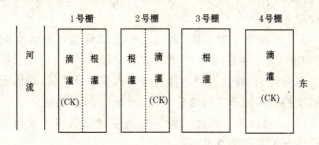

图 2-4 根灌与滴灌示范对比区

作为对照(CK)组的滴灌区,其栽培管理措施按以往的办法,由农户(棚主)在农场的指导下实施。其具体实施过程由蹲点的农技师做详细记录。

用土法上马的根灌区,这里作为试验组。只要在定植沟底先浇上对水100倍的根灌剂,然后施放与对照组滴灌等量的基肥(碳铵+猪粪),覆土定植后,再在沟中间按1~1.2米的间距,用直径8~12厘米的尖头木棍插孔,孔深达基肥处,即成。该孔谓水、肥、气、药交换孔,简称多功能孔;如有条件,孔中套入废可乐瓶(割去两头)更合适。若能在基肥中掺些廉价的秸秆更好。

番茄定植后,根灌试验组的栽培管理由蹲点的农技师来实施和记录。其具体过程简介如下:按天气情况及作物生长发育的需要,从2月份的每月3次逐月增加到5月份的每月6次,通过多功能孔向番茄根基灌施一定数量的水。一般灌水时总带入浓度为0.1%~0.4%(晴天)、0.5%(雨天)的化肥。前期以P_2O_5、K_2O为主,化肥总浓度控制在0.2%左右,番茄现蕾后,逐渐增加N肥的比例,化肥总浓度也随着生长期的推进逐渐上升到0.4%~0.5%。另一方面,根据病虫害发生的情况,适时喷药。喷药时一般也要带叶面肥,化肥的配比与浓度控制同上。

5月份番茄开始采摘,无论是根灌试验组还是滴灌对照组,均由农户(棚主)亲手分别采收后交场里称重,蹲点农技师只是在旁记录,并让农户与称重经手人签字证实,以确保记录的真实性。采摘于5月2日开始,至6月24日结束。

(2)实施效果 根灌试验组与滴灌对照组的产量与产值统计情况汇总见表2-4。

表2-4 番茄根灌与滴灌试验数据比较

性质	采收期(月.日)	面积(667米²)	株数(株/公顷)	节水分析		产量分析		经济分析	
				用水量(米³/公顷)	节水率(%)	产量(千克/公顷)	增产率(%)	产值(元/公顷)	投资(元/公顷) 水肥药设备
根灌	5.2~6.24	0.615	41175	606.15	76.36	66451.2	34.54	93215	7254
滴灌	5.4~6.21	0.613	47370	2564.4	0	49392.3	0	70103	9861

经济分析		生长情况分析						
净收入(元/公顷)	净收入增加率(%)	单株结果数(个)	株高(厘米)		根径(毫米)		0~30厘米土层根系重(克)	
			3月11日	6月8日	3月11日	6月8日	鲜重	干重
85961	42.69	9.4	36.7	103	8.03	12.37	23.76	3.92
60242	0	8.17	33.9	91.1	6.97	10.7	13.95	0.98

试验结果表明,对照区与试验区设在同一个棚内,根灌试验区比滴灌对照区增产23.08%,产值相应增加22.16%。

以整个棚来相互对照时(3号、4号),根灌试验区的单产比滴灌对照区增加48.27%,产值相应增加53.91%。在单独一个棚里进行根灌试验,则滴灌因用水量和所致的"潮湿"因子,不可能传给根灌区;同理,根灌的有关优点也不会传给滴灌区。所以在这样的情况下,根灌的优势更明显,增产、增收的幅度比1号棚与2号棚根灌与滴灌混在同一个棚里的高多了。

3个根灌试验区与3个滴灌对照区的共计产量与产值的统计结果表明,根灌试验组的平均产量达66 451.2千克/公顷,而滴灌对照组的平均产量是49 392.3千克/公顷,增产17 058.9千克/公顷。

根据表2-4数据可以进行下列统计检验:

①增产效果显著性检验。据《概率论与数理论统计》中有关两个总体样本的t检验理论,有:

$$t = \frac{|\bar{X}_1 - \bar{X}_2|}{\sqrt{\frac{(n_1-1)S_1^2 + (n_2-1)S_2^2}{n_1 + n_2 - 2}}} \cdot \frac{1}{\sqrt{\frac{1}{n_1} + \frac{1}{n_2}}} \quad (2.1)$$

式中,n_1、n_2及S_1、S_2分别为根灌试验组与滴灌试验组与滴灌对照组的样本容量与对应值的标准差。这里$n_1 = n_2 = 3$,$df = 4$,故在置信度$P = 95\%$(显著性水平$a = 0.05$)下,有t的阈限值$t_1 = 2.776$。将表2-4有关产量的数据经计算代入(2.1)式,得$t = 3.021 > t_1 = 2.776$,可见试验的增产效果很显著。这只能是因为采取根灌系列技术所引起的,而不可能是随机因素所致,所以试验的增产效果是可信的。

②节水效果显著性检验。同理,在$df = 4$,$p = 99.9\%$($\alpha = 0.001$)的情况下,有$t = 108.537 > t_2 = 8.610$,可见试验的节水效果极显著。这只能是因为采取根灌系列技术所引起

的,而不可能是随机因素所致,所以试验的节水效果是可信的。

由表 2-4 可见,在管棚番茄的生长期内,根灌试验组的抗旱用水量还不到滴灌对照组抗旱用水量的 1/4。也就是说,根灌比滴灌更省水,节水率高达 76.36%。

下面我们再用概率统计理论来定量地评定该抽样估计值的质量——准确度与可靠性。据总体均值的估计理论,我们有 P 置信概率下的对应置信区间:

$$[\bar{X} - t_0 \cdot \sigma, \bar{X} + t_0 \cdot \sigma] \tag{2.2}$$

式中,t_0 为相应于 df 与 P 值下的 t 分布数值,σ 为样本有关值的标准误差。取 $P = 0.99(99\%)$,并将表 2-4 中有关节水率的数据经计算代入(2.2)式,得该试验节水率为 76.36% 的 99% 置信区间为:

$$[67.29, 84.72] \tag{2.3}$$

式(2.3)的生物意义是,在管棚番茄的生长期内,采用根灌抗旱比滴灌抗旱能节水 67.29%~84.72%,其可靠性为 99%。

2. 分析讨论 有以下几点。

其一,采用根灌系列技术,有明显的增产效果,根灌试验区比滴灌对照区至少增产 20%,平均产值增加 36.34%,平均净收入增加 42.69%(表 2-4)。就是说,投入的成本不但可当季全部收回,而且还有很多的盈余,产投比达 10∶1 左右。

其二,采用根灌系列技术,节水效果非常显著。在管棚番茄的 4~5 个月的生长期中,根灌试验组平均每公顷抗旱用水量仅 606.15 米^3,而滴灌对照组平均每公顷抗旱用水量则需 2 564.4 米^3,两者相差 4 倍多,这一点对管棚栽培有特殊意义。由于棚内抗旱用水量减少到原来的 1/4 以下,棚内湿度下降,因此病虫害及其危害造成的损失减轻,这是根灌试验区增产原因之一。

其三,根灌的主要特征之一,是在定植沟中间设置了一排多功能孔,它的主要作用有以下3点:

①能调节根基的土壤持水量。湿了能通过多功能孔向大气里蒸发,干了可以通过多功能孔补充水分。若有负压计监控,应使根基的土壤持水量处于田间最大持水量的 80%~90%,此时对应的 PF 值为 2.477~2.602。

②能调节根域附近的氢离子浓度与营养元素成分的比例,为植株生长创造良好的地下环境。虽然番茄对土壤的适应力很强,但仍以 pH 值 6.0~6.5 微酸性土壤为最好,而且番茄特别偏爱 K_2O,其次是 N 与 P_2O_5。于是,我们可通过多功能孔灌入稀释的乙酸或 KOH 溶液,使根域的氢离子浓度控制在 0.31623~0.1 微摩/升范围内。同时,通过多功能孔,可在番茄不同生长期随时加入所需的营养元素,以保证其丰产丰收。

③能使根基有充足的氧气,亦能与大气交换热量,排出土壤中有机物腐熟分解过程中的多余热量,有利于根系呼吸,促进根系发达,见图 2-5。另外,滴灌处理时,耕作层中的有机肥,主要是靠厌氧细菌作用下分解的,因此会产生大量甲烷与乙烯等有害于植物根系的气体,影响作物生长;而进行根灌处理后,由于有了多功能孔的通气作用,耕作层中的有机肥主要是在好氧细菌作用下通过氧化还原作用分解的,会产生大量的 CO_2 气体,有利于作物的光合作用与生长。

以上几点,都是根灌试验区的增产原因。

其四,根灌胶能堵塞土壤中的毛细管,阻止地下水分上引,故能防止土壤盐碱化。如果不需要防止土壤盐碱化,为保持一定的增产幅度,则根灌胶的用量每公顷 30 千克左右即可。因为宝山土壤有盐碱化倾向,所以本试验中用量增加了

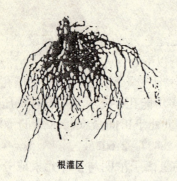 

滴灌区

根灌区

图 2-5　根灌区与滴灌区番茄根系对比

（为 0~30 厘米土层中 5 株番茄的根系）

4 倍，一个管棚（222 米² 左右）根灌胶的投入为 49 元左右（仍比滴灌投入少），但因此所增加的收入达 400~500 元，故从经济效益上来看是很划算的。

其五，由表 2-4 可见，根灌试验区番茄的长势，在各生长发育期均优于滴灌对照区，果实采摘期提早 2~11 天，且个大而均匀。因为番茄的根系大部分分布在 0~30 厘米的土层中，故我们边浇水边挖取各根灌试验区与滴灌对照区的 5 株番茄根系，然后洗净、晾干、称重，发现试验区与对照区的根系，无论在外观或重量上均有很明显的区别。

其六，选择上述实例进行对比，理由有三：一是大棚灌溉无雨、雪干扰，故抗旱用水量正确；二是蔬菜中番茄种植难度大，在番茄上试验有效果，其他蔬菜就更易成功；三是同样朝向的大棚对作物的生长条件基本一致，可比性强。专家认为，发表以上结果，有利于根灌技术在大棚生产中的推广。

其七，用根灌养护苗木与用根灌种植瓜菜的方法是一样的。

三、用根灌技术在大棚或露地种植瓜菜、苗木与玉米等的方法与效果

(一)操作方法

1. 根灌沟的设置 根灌也适用于条种。采用根灌沟双

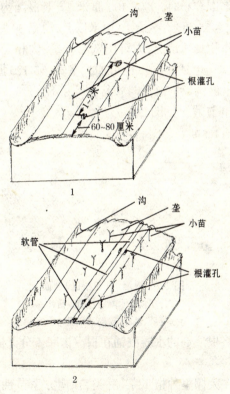

图2-6 采用根灌沟双侧条种示意
1. 不带导管 2. 带导管

侧条种的瓜菜、豆类或玉米等(图2-6),根灌沟(包根区)的垄(畦)、沟的参考尺寸如下:种植密度较大时,垄(畦)宽70厘米,垄上根灌沟宽25~30厘米、深15厘米(种浅根性作物)至35厘米;垄高10厘米以上,以防止渍水。沟平地面,宽30厘米左右,作为人行通道,便于操作。这样的垄沟结合,每1米长单侧种3株,两侧就是6株,每667米² 4000株。

种植密度较小时,垄宽100厘米,垄上根灌沟宽30厘米左右、深25~35厘米;垄高12厘米以上;沟宽30厘米左右。

根据作物具体情况,亦可用宽窄行垄、沟相间组合,根灌沟尺寸基本与上述相同。也可加大垄宽,如120厘米宽垄上设置2条根灌沟,种3行作物,其他尺寸不变。

2. 操作过程 见图2-7。

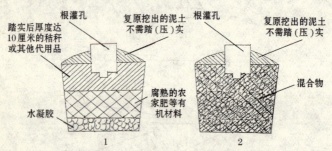

图2-7 根灌沟(包根区)剖面
1. 分层放入水凝胶、基肥、秸秆
2. 将水凝胶、基肥、粉碎秸秆混匀后放入

①先将根灌剂的水凝胶铺在根灌沟底。分大棚和露地两种情况:

一是在大棚里种植瓜菜、豆类,在南方季节性干旱地区,根灌剂的水凝胶铺在根灌沟底1~2厘米厚即可;在半干旱地区,要增厚到2~3厘米;沙漠戈壁滩地带,要增厚到3~4

厘米。

二是在露地种植瓜菜、豆类或玉米、高粱等作物,在南方季节性干旱地区,根灌剂的水凝胶铺在根灌沟底2厘米厚即可;在半干旱地区,要增厚到3厘米左右;沙漠戈壁滩地带,要增厚至4厘米左右。

②然后再放基肥,厚5厘米(种浅根性作物)或10厘米,最好是猪、牛、马、羊等畜粪肥及饼肥,每667米^{2}需500~1000千克,最好用缓释的磷肥25千克左右拌和在一起(看苗的种植密度而定)。接着在基肥上层铺压缓冲物质,厚5厘米(种浅根性作物)或10厘米,这些缓冲物质最好是稻草、麦秸及其他秸秆等,高度应略超过地平面。秸秆宜首尾相接。在秸秆上浇灌足够的水,踏实后应与地面相平,如果还没有达到要求,则需要加压秸秆。最好将根灌孔护套的小头,稍插入缓冲物质中2厘米左右立稳。根灌孔间隔的距离1~2米。没有专用的根灌孔护套时,可用去底的可乐瓶代替。根灌孔护套里面要放草团,以减少水分蒸发。接着将原来挖上来的土填回根灌沟。回填的土要比地平面略高,但比根灌孔护套上端要低些,以便于通过根灌孔护套灌施水、肥、农药等。一般在灌水时可带些速效肥,若化肥总浓度为0.3%,每667米^{2}用量为2千克,平均分配给667米^{2}田的根灌孔。根灌沟中缓冲物质的用量,以稻草或麦秸为例,每667米^{2}500千克左右即可,以偏多些为好。

③化肥的总浓度小于0.5%,一般以0.4%为宜,如磷酸二氢铵的浓度为0.3%、硫酸钾的浓度为0.1%,总的化肥浓度为0.4%。

④缓冲物质可以因地制宜选用。如果没有稻草、麦秸,而有中药厂的药渣、菇渣、香蕉秆、晒干的树叶杂草、沼气池的

渣、菜场或城市有机垃圾(去掉塑料、玻璃及金属)等均可代用。蔗渣、甜菜渣、木屑也可作为缓冲物质,但必须充分发酵。玉米秆、高粱秆碾裂后,方可作缓冲物质。没有缓冲物质也可以,将根灌孔护套插在基肥里面2厘米左右。再把原来挖上来的土填回根灌沟即可。

⑤若不愿意一层一层地放置水凝胶、基肥、秸秆,则可把粉碎的秸秆(玉米秆或麦秸或稻草或干的杂草)浸透水及根灌剂水凝胶一起与基肥(厩肥)掺和均匀成混合物,放在根灌沟里面,根灌孔的底部应插入上述混合物中2厘米左右(见图2-7)。

⑥瓜菜、豆类、玉米等苗种在根灌沟两侧,离根灌沟约5~10厘米的地方。种瓜菜、豆类、玉米等苗前,先挖个穴,穴内放入根灌剂的水凝胶50~100毫升,天气越干热放的水凝胶应越多。

⑦浇定根水。

⑧有条件的加些乙酰甲胺磷和磷酸二氢钾,不加也可以。

⑨如有根灌孔打孔器,可以先覆完土再用打孔器在一定位置打孔,然后在孔中插入根灌孔护套,其底部要与缓冲物质或基肥相接触。

⑩有条件的地方,可将一条软管的一头接到自来水龙头上,另一头把它封闭起来,把软管放在根灌沟的根灌孔上方,根灌孔上方专门有一个缺口放置软管,在软管下方对着根灌孔处刺一个小孔,水就通过这个小孔流入根灌孔内,需要放水时,将水龙头打开,不需要水时关闭即可。见图2-6(2)。

3. 水肥用量 ①乙酰甲胺磷用量:每平方米20~30克,掺匀在基肥中。②浇定根水:每平方米浇3升左右。最好用浓度为0.2%~0.3%磷酸二氢钾水溶液蘸根后种植,然后浇定根水;或者将浓度为 0.15%~0.2%磷酸二氢钾水溶液作定根水来浇。

4. 管理 移苗后 7~10 天,管理同常规栽培一样,待作物根系深入到根灌区的包根物质后,则所有的水、肥、农药均应通过根灌孔(交换孔)灌施入地下的根灌区内(化肥、农药的总浓度不超过 0.5%,一般以 0.4%为宜,如化肥的浓度为 0.3%,农药的浓度则为 0.1%,两者加起来为 0.4%),那里有植物密集的毛细根,这等于喂到植物的"嘴巴"里,故吸收利用率特高。见叶子暂时性萎蔫,应浇透一次水。

(二)根灌在大棚瓜菜上的应用

除上面在大棚番茄应用的例子外,下面还有几个例子。

1. 在大棚黄瓜上的应用 1999 年,水利部南方试验站将根灌用于大棚黄瓜,仅定植 3 周即结出 20 多厘米长的黄瓜,而一般大棚黄瓜要 4~5 周才会开花、结果。

2. 在大棚甜瓜、小西瓜上的应用 2001 年,山东省将根灌技术用于大棚甜瓜(报喜、特大白瓜、戴安娜)及特小凤(小西瓜)的栽培上,每公顷用 25.5~30 千克 FJC 强力根灌胶,费用约 600~750 元。结果,根灌大棚比对照大棚湿度降低 10%,病虫害减少,净收入增加 20%以上,产投比 4:1 以上。

(三)根灌在露地瓜菜、豆类与玉米上的应用

1. 玉米 按上述宽窄行种植,行距 40 厘米,株距 31.5 厘米,即密度为每 667 米^2 约 3 500 株。

首次试验于 1998 年 8 月 1 日下种,当天阴有雨。品种为海南省通什市当地黎族同胞提供的糯玉米。根灌试验组 29 株,常规对照组 39 株,试验于 1998 年 10 月 24 日结束。试验

结果及相应分析见表 2-5 至表 2-8。由表 2-5、表 2-6 可见，根灌试验区玉米笋比常规对照区增产 153.56%，青果穗增产 156.59%。统计检验表明，根灌玉米与对照玉米相比，增产效果极显著。

玉米秆可作饲料，尤其经过氨化后更好。由表 2-7 可见，根灌的玉米秆重比对照增加 106.39%，统计检验表明，两者差异极显著。

表 2-8 是仅计入玉米经济产量那部分时的经济效益。由表 2-8 可见，根灌玉米比对照玉米净收入增加了 174.78%。

上述分析可见，根灌试验区的经济产量、生物产量(经济产量+玉米秆产量)以及净收入，均比常规对照区翻了一番以上。

1998 年 12 月 4 日至 1999 年 4 月 10 日，又用上述同样品种与方法，进行了冬种玉米试验。从 1999 年 2 月 10 日后，根灌试验区与常规对照区均未再灌水与施肥，也未喷施农药，让它们自然生长，期间有 1 个半月左右干旱无雨。结果见表 2-9。根灌玉米秆重比对照玉米秆重增产 116.35%，根灌玉米的青果穗重比对照玉米的青果穗重增加 79.41%；相应的 t 检验表明，根灌区玉米比对照区玉米长得高、收获多。

表 2-5　玉米产量分析

项目	株数	总产量（千克）		平均每穗重量(克)		平均每株产量(克)				每 667 米² 产量估计值	
		青果穗	玉米笋	青果穗	玉米笋	青果穗	青果穗增产(%)	玉米笋	玉米笋增产(%)	青果穗(千克)	玉米笋(千克)
根灌试验组	29	5.161	0.1395	184.3	5.167	177.97	156.59	4.810	153.56	622.90	16.84
常规对照组	39	2.705	0.0740	87.26	4.625	69.36	0	1.897	0	242.76	6.64

表 2-6 玉米青果穗采收记录及其统计分析

项目	日期					样本容量 n	穗平均重量的统计值		穗重差异显著性的 t 检验
	98.9.17.晨	98.9.18.晨	98.9.18.午	98.10.23.午	98.10.24.午		$\bar{X}$	s	
根灌试验组	9穗1.8千克、0.2千克/穗	—	5穗0.8千克0.16千克/穗	5穗0.961千克0.1922千克/穗	9穗1.6千克0.178千克/穗	4	0.1826	0.01758	t = 4.674 > 4.317 (p = 0.995; df = 6)
常规对照组	—	9穗1.1千克0.12千克/穗	5穗0.6千克0.12千克/穗	4穗0.355千克0.089千克/穗	13穗0.65千克0.05千克/穗	4	0.0948	0.0332	

表 2-7 玉米秆鲜重、高度及其统计分析

项目	株数	秆鲜重分析						秆高分析		
		总重(千克)	每667米²秆鲜重(千克)	株均重$\bar{X}$(克)	增产(%)	标准差 s	t检验	株均高$\bar{X}$(米)	标准差 s	t检验
根灌试验组	29	12.710	1533.98	438.28	106.39	145.76	t = 8.587 > 3.445 (P = 0.999; df = 66)	2.31	0.36	t = 4.305 > 3.445 (P = 0.999; df = 66)
常规对照组	39	8.282	743.26	212.36	0	65.90		1.93	0.36	

表 2-8 玉米根灌试验经济效益分析

项目	株数	产 出 分 析				投 入 分 析					效 益 分 析		
		青果穗(元)	玉米笋(元)	合计(元)	增收(%)	每株产值(元)	种子(元)	根灌胶(元)	肥药(元)	合计(元)	每株投入(元)	每株净收入(元)	净收入增加(%)	产投比

注：此处表头与数据对应如下：

项目	株数	青果穗(元)	玉米笋(元)	合计(元)	增收(%)	每株产值(元)	种子(元)	根灌胶(元)	肥药(元)	合计(元)	每株投入(元)	每株净收入(元)	净收入增加(%)	产投比
根灌试验组	29	5.161	1.395	6.556	156.06	0.2261	0.145	0.29	0.2953	0.7303	0.02518	0.20092	174.78	8.98:1
常规对照组	39	2.705	0.74	3.445	0	0.0883	0.195	0	0.3972	0.5922	0.01518	0.07312	0	5.82:1

表 2-9 1998 年冬玉米采收记录及其统计分析

项目	株数	生 物 产 量 分 析				穗 重 分 析				秆 高 分 析		
		秆重分析										
		株均重 $\bar{X}$(克)	增产(%)	标准差 s	t 检验	株均重 $\bar{X}$(克)	增产(%)	标准差 s	t 检验	株均高 $\bar{X}$(米)	标准差 s	t 检验
根灌试验组	75	182.58	116.35	105.71	t=4.371 >3.3996 (p=0.999; df=98)	91.07	79.41	61.60	t=2.0991 >1.9852 (p=0.95; df=98)	1.1324	0.27022	t=5.5878 >3.3996 (p=0.999; df=98)
常规对照组	25	84.39	0	64.72		50.76	0	51.62		0.748	0.3704	

注：穗重指玉米青果穗重

2. 豇豆 试验方法同玉米。品种为细花猪肠豆。行距40厘米,株距30厘米。根灌试验组36株,常规对照组12株,均于1998年7月18日移苗定植,1周后搭三角架,1998年9月22日采收完毕。结果见表2-10至表2-12。由表可见,根灌区豇豆在比对照区豇豆节约一半水、肥的前提下,还能增产50%以上,从而使根灌区豇豆的净收入比对照区增加484.75%,经济效益极显著。原因是根灌豇豆比对照豇豆生长得快又好。由表2-10的生长分析可见,根灌豇豆明显比对照豇豆长得快,在1998年8月20日,两者株高相差33.67%。统计检验值 $t = 2.0425 > 2.0128 (p = 0.95; df = 46)$,说明两者有显著的差异。

表2-10 1998年豇豆根灌试验生长情况与施水肥分析

项目	株数	生长分析				施水肥分析			备注
		定植日期	8月20日株高(厘米)			总用水量(升)	单株用水量(升)	节水、节肥率(%)	
			平均值 $\bar{X}$	标准差 s	t检验				
根灌试验组	36	7月18日18时	76.97	29.89	$t = 2.0425$ > 2.0128 $(p = 0.95;$ $df = 46)$	165	4.58	61.02	每次灌水,水中均含有一定浓度的速效化肥
常规对照组	12		57.58	23.43		141	11.75	0	

表2-11 1998年豇豆根灌试验采收记录

项目	株数	采收日期(日/月)与数量(克)									总产量(克)	单株产量(克)	增产率(%)
		27/8	29/8	30/8	2/9	4/9	10/9	11/9	15/9	22/9			
根灌试验组	36	170	275	295	535	320	495	96	120	130	2436	67.67	54.08
常规对照组	12	0	47	0	70	50	70	140	20	130	527	43.92	0

表 2-12 1998年豇豆根灌试验经济效益分析

项目	株数	产出分析			投入分析					效益分析	
		总产值(元)	株产值(元)	增收(%)	种子(分/粒)	根灌胶(分/株)	基肥(分/株)	追肥(分/株)	喷药肥(分/株)	合计(元/株)	净收入(元/株)	净收入增加(%)
根灌试验组	36	7.308	0.2030	54.08	1	1	0.9	2.77	2.02	0.07687	0.12613	484.75
常规对照组	12	1.581	0.1318	0	1	0	0.9	7.10	2.02	0.11018	0.02157	0

3. 番茄 在海南省澄迈县基地用根灌技术种圣女果(小果型番茄)13.33公顷,用根灌胶30千克/公顷,即750元/公顷,结果根灌圣女果产量达6万千克/(公顷·茬),而未用根灌的对照圣女果产量仅4.5万千克/(公顷·茬),根灌圣女果甜而有弹性,市场价格高,增收3万元/公顷,产投比超过20:1。

4. 其他实例 我们亦在冬瓜上作了试验。结果表明,根灌冬瓜提早半个月结果,推迟1个月死藤,增产1倍。在茄子上的试验,根灌措施亦有很好的促生长与增产作用。在其他露地瓜菜以及大豆、甘蓝、甘薯(番薯)、花生等作物上的应用,也获得了同样良好的效果。

四、用根灌技术在屋顶种植瓜菜、苗木及离地栽培作物的方法与效果

(一)操作技术

1. 根灌沟的设置 根灌也适用于条种。用根灌技术在屋顶种植瓜菜、豆类等,可采用根灌沟双侧条种瓜菜、豆类等

方法(见图 2-6)。根灌沟的垄(畦)、沟的参考尺寸如下。

①密度较大的:垄(畦)宽 70 厘米,垄上根灌沟宽 25～30 厘米、深 15 厘米(种浅根性作物)至 35 厘米;垄高 10 厘米以上,以防止渍水。沟平地面,宽 30 厘米左右,可作人行道,便于操作。这样的垄沟结合,每 1 米长单侧种 3 株,两侧就是 6 株,667 米^2 可以种 4 000 株作物。

②密度较小的:垄宽 100 厘米,垄上根灌沟宽 30 厘米左右、深 25～35 厘米;垄高 12 厘米以上;沟宽 30 厘米左右。

阳台等处可采用离地栽培,先用砖砌起来,构成一条槽即根灌沟,然后相隔 1 米放一个根灌孔(可用倒置的去底饮料瓶代替),再填满根灌材料即可。

2. 大棚或露地瓜菜的离地无土栽培操作方法 步骤如下。

①先铺第一层砖围成一个长方形的设施。长方形两边宽(包括砖的宽度)70 厘米,长度随意。除掉砖的宽度,长方形里面的种植带宽度是 48～50 厘米。种植带底铺塑料薄膜,薄膜的四周垫在第一层砖的上面(宽度与长方形设施的宽度一致),然后在塑料薄膜上面均匀地铺上根灌剂的水凝胶 2 厘米厚,在根灌剂的水凝胶上面铺上透水的布(透水的无纺布、破布或者废弃的编织塑料袋、预先打孔的水泥袋等),布的四周同样垫在第一层砖的上面(在塑料薄膜上面),布上面铺腐熟后的栏粪 1 厘米厚(种蔬菜)或 1.5 厘米厚(种瓜),如果用土杂肥,厚度要增加 1 倍。第一层砖上面垒第二层和第三层砖,使种植带总的高度在 15 厘米以上。再在肥料上面铺上一层无土栽培基质。无土栽培基质的高度以填满种植带的高度为准。最后在种植带中间设置根灌孔,根灌孔之间的距离不超过 3 米(图 2-8)。

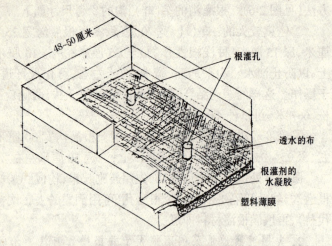

图 2-8　屋顶无土根灌栽培设施示意

②无土栽培基质的制作方法。无土栽培的基质可因地制宜地选用稻草、麦秸、中药渣、菇渣、香蕉秆、晒干的树叶杂草、沼气池的渣、菜场或城市有机垃圾(去掉塑料、玻璃与金属)等。蔗渣、甜菜渣、木屑也可作为基质,但必须充分发酵。粉碎的玉米秆、高粱秆也可。有条件的地方可以用珍珠岩、蛭石、泥炭、草炭、腐殖质土等。上述这些有机物最好都经过发酵,利用发酵的高温来消灭里面的病原生物,然后对半掺和煤灰(粉)或煤球渣(矿渣磷肥),在缺少这些物质的情况下掺砂子也可,主要是为了固定作物而用。

③瓜菜、豆类等苗种在根灌沟两侧,离根灌沟约5～10厘米的地方。种瓜菜、豆类等苗前,先挖个穴,穴内放入根灌剂的水凝胶50～100毫升,天气越干热放的水凝胶应越多。

④浇定根水。

⑤大棚或露地瓜菜离地无土栽培的优点,在于和土壤隔

离,免得土壤里的病虫害如根结丝虫病、蛴螬等危害作物。

⑥等一年瓜菜种完了,可以把布上面的无土栽培基质经过燃烧变成磷、钾肥,再重复使用。

3. 屋顶种植操作过程　参见本章第三部分(一)。

4. 水肥用量　有条件的地方每平方米用乙酰甲胺磷20~30克,搅拌掺匀在基肥中。不用也可。

每平方米浇定根水3~6升(越是干旱的地区应越多)。有条件最好能将浓度为0.2%~0.3%的磷酸二氢钾水溶液蘸根后栽植,然后浇定根水;或者将浓度为0.15%~0.2%的磷酸二氢钾水溶液作定根水来浇。

5. 管理　移苗后7~10天,管理同常规栽培一样,待作物根系深入到根灌区的包根物质后,则所有的水、肥、农药均应通过根灌孔(交换孔)灌施入地下的根灌区内(化肥、农药的总浓度不超过0.5%,一般以0.4%为宜,如化肥的浓度为0.3%,则农药的浓度为0.1%,两者加起来为0.4%),那里有植物密集的毛细根,这等于喂到植物的"嘴巴"里,故吸收利用率特高。

早晨见叶子暂时性萎蔫,应浇透一次水。

(二)离地栽培实例

见图2-9。用根灌方法在屋顶上种树枝(野)菜,土层只有10厘米厚,却生长旺盛。剪其嫩头,一家吃不完。每667米^{2}根灌剂用量不超过90元人民币,可管用2年以上。

(三)根灌与防治根基线虫病

1. 离地栽培与防止根基线虫病　根基线虫病很难防治,采用"根灌栽培剂"(专利号ZL02258289.4)的种植方法,可以

图2-9 离地栽培实例

有效防止根基线虫病。由图2-8可知,其底下铺着塑料薄膜与土壤隔离,故可防止根基线虫病。

2. 根灌防治根基线虫病的农药举例

(1)克线丹 一般在播种时或作物生长期施用,通过根灌孔,平均施入药物,有效浓度控制在0.4%以下。每667米^{2}有效成分用量:花生150~300克,甘蔗、柑橘、麻类均为300~400克。香蕉每丛用有效成分2~3克,8个月施药1次。注意事项见农药产品使用说明书。

(2)苯线磷 其他名称有力满库、克线磷、苯胺磷。苯线磷可在播种、定植时及作物生长期使用。按用量平均施入每一个根灌孔中,有效浓度控制在0.4%以下。每667米^{2}有效成分用量为:花生200~400克,柑橘300~500克。注意事项见农药产品使用说明书。

五、根灌用于种植幼小林果及瓜类等的方法与效果

(一)操作技术

1. 操作过程 要点如下。

①先在树冠投影外侧挖一条环形沟,宽25~30厘米,深30~50厘米(视树的大小而定),以看到树的毛细根又不过分损伤毛细根为原则。根灌孔设在环形沟的对称方向处。根灌孔第二年换个方向。譬如,今年是东西侧,明年应该换成南北侧,并逐年向外推移,以便使根系逐年扩大。见图2-10(左)。

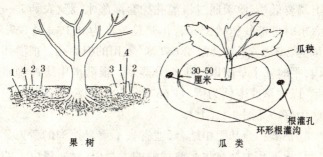

图2-10 单株根灌示意
1. 植物毛细根 2. 吸附物质 3. 复原挖出的泥土不需踏(压)实
4. 根灌孔(灌施水肥与通气)

②对于哈密瓜、西瓜、甜瓜、南瓜及冬瓜等,以瓜秧作为中心,距离瓜秧30~50厘米(视瓜的性质而定)挖一条环形沟,根灌孔设在环形沟的对称方向处,沟宽25~30厘米,沟深30~35厘米。见图2-10(右)。

③先将根灌剂的水凝胶铺于根灌沟底:南方季节性干旱地区厚1~2厘米,半干旱地区厚2~3厘米,沙漠戈壁滩地带

厚3~4厘米。大棚内种植可薄一些,露地种植取厚。

④铺完根灌剂水凝胶后再放基肥,最好是腐熟后的猪、牛、马、羊、鹿、骆驼栏粪及鸡、鸭、鹅等禽粪或饼肥,667米^{2}共需500~1500千克,最后用缓释的磷肥25千克左右拌和在一起(视树或瓜的需要而定),平均分加于667米^{2}的根灌沟中。接着在基肥上层铺压缓冲物质稻草、麦秸及其他秸秆等,高度应略超过地平面。秸秆宜首尾相接。在秸秆上浇灌足够的水,踏实后应与地面相平。如果还没有达到要求,则需要加压秸秆。最后将根灌孔护套的小头稍插入秸秆中立稳。一条环形根灌沟插2个根灌孔护套,置于沟的中央,接着将原来挖出来的土填回根灌沟。回填后要比地平面略高,但比根灌孔护套上端要低些,便于通过根灌孔护套灌施水、肥、农药。一般在灌水时可带些速效肥。若化肥总浓度为0.3%,每667米^{2}用量为2千克,平均分配给667米^{2}农田的根灌孔。根灌孔护套内,平时塞个草团以减少水分蒸发。根灌沟中缓冲物质的用量,以稻草或麦秸为例,每667米^2 500千克左右即够,以偏多些为好。见图2-11(上)。

⑤根灌和施基肥相结合,就省去了重复挖沟的劳力。还可以从根灌孔中补充化肥或稀薄的人粪尿(对4倍以上的水即成)。化肥的总浓度小于0.5%,一般以0.4%为宜,如磷酸二(氢)铵的浓度为0.3%、硫酸钾的浓度为0.1%,总的化肥浓度为0.4%。

⑥缓冲物质可以因地制宜选用,如果没有稻草、麦秸,其他如中药厂的药渣、菇渣、香蕉秆、晒干的树叶杂草、沼气池的渣、菜场或城市有机垃圾(去掉塑料、玻璃和金属)等均可代用。蔗渣、甜菜渣、木屑也可作为缓冲物质,但必须充分发酵。玉米秆、高粱秆碾裂后,方可作缓冲物质。

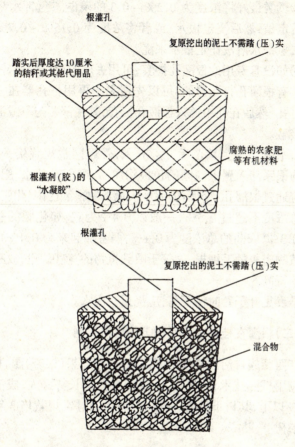

图 2-11 根灌沟(包根区)剖面

⑦若不愿意一层一层地放置水凝胶、农家肥、秸秆(缓冲物质),则可把粉碎的秸秆(玉米秆或麦秸或稻草或干的杂草)浸透水及根灌剂的水凝胶一起和农家肥掺和均匀成混合物,放在根灌沟里面也行,但根灌孔的底部应插入上述混合物中2厘米左右。见图 2-11(下)。

⑧瓜类最好将浓度为 0.2%～0.3 的磷酸二氢钾水溶液蘸根后定植,然后浇定根水;或者将浓度为 0.15%～0.2%的磷酸二氢钾水溶液作定根水来浇。

⑨如没有专用的根灌孔护套,可用去底的可乐瓶代替。

⑩有根灌孔打孔器的,可以先覆完土再用打孔器在一定位置打孔,然后在孔中插入根灌孔护套,其底部要与草或混合物相接触。

2. 管理 瓜类移苗后 7～10 天,管理同常规栽培一样。待作物根系深入到根灌区的包根物质后,则所有的水、肥、农药均应通过根灌孔(交换孔)灌施入地下的根灌区内(化肥、农药的总浓度不超过 0.5%,一般以 0.4%为宜,如化肥的总浓度为 0.3%,农药的总浓度为 0.1%,两者加起来为 0.4%),那里有植物密集的毛细根,这等于喂到植物的"嘴巴"里,故吸收利用率特高。

早晨见叶子暂时性萎蔫,应浇透一次水。

(二)根灌在桂林白果幼树上的应用实例

广西壮族自治区桂林市库区 40 公顷白果(银杏)园,1997 年就应用根灌技术,到 1999 年,2 年生白果长势喜人,成活率达 95%以上,其树干径周、高度、叶厚均超过常规栽培 3 年生的白果树。

六、根灌用于成年木本林果 施果后肥或基肥的方法与效果

(一)操作技术

根灌用于成年果树的节水、节肥方法,适用于南、北方的

果树,也适用于鲜果和干果。根灌法能比滴灌省水50%以上,同时能增产20%以上,长期用根灌法来种果树,其产量可以翻一番。它的操作过程是:

①先在树冠投影外侧两旁各挖一条沟,宽25～30厘米,深30～50厘米(视树的大小而定),长1.1R,R为树冠半径(图2-12)。

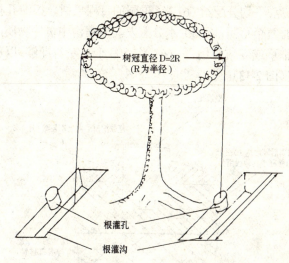

图2-12 成年木本果树根灌示意

②将根灌剂的水凝胶铺于根灌沟底一层,南方季节性干旱地区,仅厚1～2厘米即可。

③放基肥,最好是猪栏粪、牛栏粪等畜粪肥及饼肥,每667米² 共需500～1 000千克,最好用缓释的磷肥25千克左右(视树的大小掌握用量)拌和在一起,平均分加于667米² 果园的各棵果树的根灌沟中。接着在基肥上铺压缓和物质如稻草、麦秸及其他秸秆等,高度应略超过地平面。秸秆宜首尾相

接。在秸秆上浇灌足够的水,踏实后应与地面相平,如果还没有达到要求,则需要加压秸秆。最后用根灌孔护套的小头,稍插入秸秆中立稳,一条沟一个,置于沟的中央,接着将原来挖上来的土填回根灌沟,回填后要比地平面略高,但比根灌孔套上端要低些,便于通过根灌孔护套灌施水、肥、农药。一般在灌水时可带些速效肥,若化肥总浓度为0.3%,每667米²用量为2千克,平均分配给667米²果园的每棵果树。根灌孔护套内,平时塞个草团,以减少水分蒸发。根灌沟中缓冲物质的用量,以稻草或麦秸为例,每667米² 500千克左右即够,以偏多些为好(图2-13)。

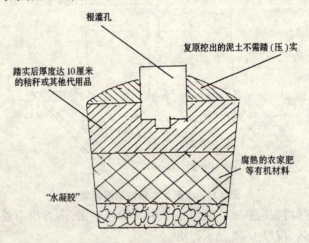

图2-13 根灌沟(包根区)的剖面

④根灌和施(采)果后肥、施基肥结合进行,可省去重复挖沟的劳力。采用上法一年搞一次即可,即若施了果后肥,就不必在秋冬施基肥了,因为可以从根灌孔补充施化肥或稀薄的人粪尿(对4倍以上的水即成)。化肥的总浓度小于0.5%,一般以0.4%为宜,如磷酸二氢铵的浓度为0.3%、磷酸二氢钾

的浓度为0.1%,总的化肥浓度为0.4%。

⑤缓冲物质可以因地制宜选用。如果没有稻草、麦秸,而有中药厂的药渣、菇渣、香蕉秆、晒干的树叶及杂草、沼气池的渣、菜场或城市有机垃圾(去掉塑料、玻璃与金属)等均可代用。蔗渣、甜菜渣、木屑也可作为缓冲物质,但必须充分发酵。玉米秆、高粱秆碾裂后,方可作缓冲物质。

如果没有专用的根灌孔护套,可用去底的可乐瓶代替。

⑥如果想省去浸发根灌剂的程序,而直接用根灌剂干(颗)粒者也可以。可先将根灌剂干粒撒于根灌沟底层,以每667米^2 40棵果树为例,则平均每棵果树只需50~70克,一条根灌沟用25~35克。若用软块状根灌剂,则用量为干粒状的1.5倍左右,需充分浇水。接下去的操作程序同第四条。但干旱缺水的地区,我们不提倡此法,因为直接用浸发后的水凝胶更省水。

⑦根灌沟第二年换个方向,譬如今年东西向,明年应转换成南北向,并逐年向外推移,以便使根系逐年扩大。

⑧有根灌孔打孔器的,可以先覆完土,再用打孔器在一定位置打孔,然后在孔中插入根灌孔护套,其底部要与草相接触。

⑨半干旱地区,根灌沟底铺设的根灌剂水凝胶增厚到3厘米左右;沙漠戈壁滩地带,根灌沟底铺设的根灌剂水凝胶增厚到4厘米左右。其他操作相同。

(二)根灌和吊瓶输液技术在芒果抗旱施肥增产上的应用

树木吊瓶输液技术是利用类似于人体打吊针的办法,直接向植物体输入所需营养物质以及水分,供植物体利用。该方法可提高水肥利用率50~100倍。其概念、原理及具体操作技术在国内首次为笔者于20世纪60年代所揭示与实现。可用于树体抗旱急救、病虫害防治、增产保质、节约用水用肥等方面。

1. 材料和方法 试验在海南省通什农校芒果园进行,品种为青皮芒果,供试树32棵,设置对照(CK)、根灌(R)、吊瓶输液(T)、根灌结合吊瓶输液(RT)4种处理。每个处理随机取8棵树。根灌处理实施根灌技术操作,即在每棵芒果树的根际设置"包根区"(根灌沟2条,每沟长1米、宽30厘米、深40厘米),在每条根灌沟中施入适量浸透水并充分膨胀的填充物质根灌剂(胶)(干重0.125千克)铺底,施入干牛粪9.6千克,并设置简单机械装置(多功能孔道)以便适时向包根区施入水肥及通气。芒果开花至成熟期每月按树冠大小每平方米浇灌营养液(0.3%尿素+0.1%磷酸二氢钾)1升,每月浇一次水。对照挖同样的沟,施同量的基肥,并用穴施方法施等量的化肥及水。试验时间从2004年9月18日开始至2005年6月29日采收芒果。

吊瓶输液处理:在芒果果实膨大初期至成熟期,按树体大小定量向树体输入氮、磷、钾肥4~23克(每棵树用量)。吊瓶中母液浓度为0.3%尿素+0.1%磷酸二氢钾。每株树在主干上吊一个瓶(主干注射部位离地约30厘米)。输完营养液后继续输入水分,避免因营养液浓度过高而灼伤树体。对照树按同等水肥量从根部施入。吊瓶输液时间从2005年3月16日开始,至2005年6月29日采收芒果。

根灌结合吊瓶输液的处理:在随机取样的8棵树上同时实施根灌和吊瓶输液操作。

2. 试验结果 应用根灌技术的,芒果果数增加38.95%,单果重增加44.69%,总产量增加101.04%;应用树木吊瓶输液技术的,芒果果数增加23.85%,单果重增加22.77%,总产量增加52.06%;应用根灌结合树木吊瓶输液技术的,芒果果数增加56.24%,单果重增加59.87%,总产量增加149.78%。在上述三种方法中,根灌结合吊瓶输液的方法增产效果最好,其次为根灌,再其次为吊瓶输液技术。经t检验(与对照处理对比)上述结果,均达极显著水平(表2-13至表2-16)。

表2-13 芒果产量实测值

处　理	总果数(个)	平均单果重(克)	总产量(克)	平均单株产量(克)	平均单株果数(个)
对　照	457	444.83	202 831	25 353.9	57.1
根灌结合吊瓶输液	714	709.56	506 628	63 328.5	89.3
根　灌	635	642.17	407 775	50 971.9	79.4
吊瓶输液	566	544.91	308 420	38 552.5	70.8

表2-14 芒果增产效果比较

增产率公式	果数增加率(%)	单果增重率(%)	总产量增产率(%)
(RT－CK)/CK	56.24	59.87	149.78
(R－CK)/CK	38.95	44.69	101.04
(T－CK)/CK	23.85	22.77	52.06
(RT－R)/R	12.44	10.49	24.24
(R－T)/T	12.19	17.85	32.21
(RT－T)/T	26.15	30.22	64.27

表 2-15 试验前树体大小差异显著性 t 值检验

处理	T	RT	CK	R
T	0	0.727	0.628	0.615
RT	无	0	0.2290	0.128
CK	无	无	0	0.092
R	无	无	无	0

注:$t < \min\{t\}_{d.f.p} = t|_{d.f=14, p=0.60(a=0.4)} = 0.868$

检验结果表明,试验前各处理的树体之间无显著性差异。

表 2-16 不同试验处理间产量差异显著性 t 值检验

处理	CK	RT	R	T
CK	0	10.59	8.99	4.76
RT	****	0	2.91	5.91
R	****	**	0	3.46
T	****	****	****	0

注:显著性水平,$\alpha = 0.025**$,$\alpha = 0.01***$,$\alpha = 0.005****$,$\alpha = 0.001*****$

3. 经济效益分析 见表 2-17。

表 2-17 芒果试验经济效益分析

处理	总产量(千克)	总产值(元)	材料费(元)	用工费(元)	总投入(元)	产投比
CK	202.831	324.53	107.5	34	141.5	2.29:1
RT	506.628	810.60	152.2	38	190.2	4.26:1
R	407.775	652.44	145.9	34	179.9	3.63:1
T	308.420	493.47	112.3	34	146.3	3.37:1

注:1. 芒果价格以每千克 1.6 元计算,材料费包括工具费、根灌剂、肥料、农药
  2. 表中是 8 株树的情况,若要算单株的情况,有关产量及费用均除以 8,不影响产投比

由上表可知:根灌结合吊瓶输液的产投比是对照的 1.86

倍,根灌的产投比是对照的1.59倍,吊瓶输液的产投比是对照的1.47倍。3种试验处理均比对照高,其中根灌结合吊瓶处理的产投比最高(4.26:1)。

4. 分析与讨论

(1)根灌技术的作用及抗旱增产原因 有以下6点。

①在本试验中采用的包根区,实际上是对芒果生长至关重要的那部分土壤进行了人为的改造,即用具有团粒结构作用的吸附物质(以FJC-强力根灌剂为主)取代了那里的劣质土壤。FJC-强力根灌剂是一种水和化肥的"合成高分子类"吸水树脂,无毒、无臭,含有一定量的芒果需要的营养元素,吸水膨胀率可达200~400倍,填充在土壤中能促进土壤团粒结构的形成,因而具有吸附、集水、贮流与透气的作用。

②根系具有趋水趋肥性,而包根区正是储蓄水肥的地方,故根灌处理后不久,在包根区中的吸附物质中就开始长入根系,最后形成分布密集的"麻布根",同时,细密的根系本身就成了活的吸附物质,使水肥往下渗漏很少。包根区上层有较厚的土壤覆盖,故水肥不易蒸发,也不会被表面杂草所利用,故而包根区具有较高的吸水保肥作用。

③根灌时通过简单的器械将水肥或农药灌施到包根区中,就像喂到植物的"嘴巴"(根系)里,因而有利于植物直接吸收利用,具有抗旱、施肥和防治病虫害的效果。包根区具有透气功能,可使土壤菌落中厌氧细菌减少,从而减少土壤中有害气体如甲烷、乙烯等而增加了氧气或二氧化碳气体,有利于根际有益微生物的活动,促进根系生长及肥料的分解与吸收。

④在本实验中,定时按树冠投影面积通过简单机械装置施入氮磷钾肥及水分,有利于花芽分化、开花授粉,减少落花落果,提高坐果率,增加果数和显著提高单果重。改善了树体

的营养状况,是影响坐果率和果实生长过程的重要内因。芒果在开花授粉时需要较充足的氮素,在果实生长过程中则需要较多的磷和钾。氮素充足,有利于提高坐果率,增加果数。磷能增强果树生命力,促进花芽分化、果实发育和种子成熟以及增进品质,缺磷则果肉细胞数减少。钾对果实的增大和果肉干重的增加有明显作用。钾对果实增大的作用是由于钾提高了原生质活性,促进糖的运转流入。此外,钾充分供给时,果实鲜重中水分百分比也增加,从而对果实后期增大有良好作用,特别在氮素营养水平高时,钾多则效果更显著。

⑤根灌还基于作物非充分灌溉的理论,采用部分湿润作物根系区土壤的技术,人为地让部分根系区的土壤短期内缺水干旱,使作物经受一定程度的耐旱锻炼,产生干旱胁迫信号"脱落酸",从而使叶片气孔微闭,减少植物奢侈蒸腾耗水量,达到节水的目的。而由另一部分经灌溉后的湿润区内的根系吸收水分供作物地上部分的需要,实现不牺牲植物光合产物积累而大量节水的目的。

⑥根灌操作简便,设施简单,便于在农村中推广,产投比达3.63:1,是对照产投比(2.29:1)的1.59倍。

(2)树木吊瓶输液技术的作用及抗旱增产原因　主要有3点。

①树木吊瓶输液时,其输入树体的营养液并不从根部进入,而是从树体木质部直接进入树体的导管,随其中的蒸腾流输送到叶和生长点,有的经过树体加工,有的未经过化学变化,再经筛管往下输送,从而遍及树体各部分,充分地发挥其作用。

②在本实验中,按树体大小定时定量输入足够量的氮素和磷、钾元素及水分,有利于果实膨大、减少落果、增加果数和

显著提高单果重。树体营养对于开花结果的影响,与根灌处理相同。

③芒果吊瓶输液的部位应选择在老根木质部,吊3个瓶,瓶之间的夹角大约120°,也可以在树干吊一个瓶。输液时机应选择在果实膨大初期至成熟期。

(3)根灌结合树木吊瓶输液技术的作用及抗旱增产原因

在芒果树上同时实施根灌结合树木吊瓶输液技术,其要点是设置包根区和从树体木质部施入营养液,保证果树在开花结果前或开花结果期间都有足够的营养物质供给,发挥了高效利用水、肥、农药的作用,集中了这两种技术的优点,有利于果树的营养生长和生殖生长,其产投比为对照产投比的1.86倍。

七、根灌栽培剂在花卉、蘑菇及竹林栽培上的应用

(一)根灌栽培剂(专利号ZL02258289.4)

1. 技术领域 本实用新型涉及植物栽培,特别涉及植物栽培物质的构成。

2. 背景技术 在本实用新型作出之前,植物栽培特别是花盆栽培,往往是在花盆底部设置一个洞,盆内放入泥土,种上植物后要经常向花盆内浇水、施肥。其有诸多不便:一是要经常惦记此事;二是一旦人外出多日不归,植物常常会干枯致死;三是盆底的洞常常会流出水、肥,污染环境;四是浇水、施肥不均匀,忽多忽少,既浪费水、肥,又不利于植物生长。

3. 发明内容 本实用新型的目的就在于克服上述缺陷,设计一种栽培物。

本实用新型的技术方案是:根灌栽培剂,有栽培基质,其特征在于栽培基质层下是水凝胶块层。

本实用新型的优点和效果在于采用根部灌溉方式(简称"根灌"),不会流出水、肥而污染环境,不需要人经常施肥、浇水,水、肥营养均衡且利用率高,节水、节肥,既适于家庭使用又有利于工业化规模生产,成本低。

4. 具体实施方式 如图 2-14 所示,上面是栽培基质层,下面是水凝胶块层。水凝胶块层采用的是浸透水的高吸水树脂膨胀后的形态。将该两层合在一起,形成一体,构成根灌栽培剂层。高吸水树脂又称吸水保水剂。

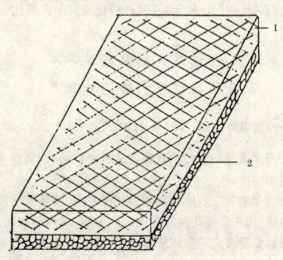

图 2-14 根灌栽培剂层结构示意

1. 栽培基质层 2. 水凝胶块层

如图 2-15 所示,在花盆盆底中间有一个洞,可用其他物体盖住,将下层是水凝胶块层与上层是栽培基质层构成一体的根灌栽培剂放入花盆内,植物的根系附着在水凝胶块层上厚度为1~2厘米的土或无土栽培基质层的上面,其余栽培基质层覆盖根系(若新栽花卉,勿忘浇定根水)。栽培基质可以是泥土或无土栽培基质。水凝胶块是高吸水树脂的派生物。高吸水树脂能吸收自身重量数百倍以上的纯水,即经水浸泡若干小时后发胀成水凝胶块,施入土壤后形成人工团粒结构,富于弹性而不黏,易于植物根系透气、吸水,且无色、无味、无毒。水凝胶块层均匀、缓慢、持缓不断地向植物根系释放水、肥(水凝胶块可吸收水

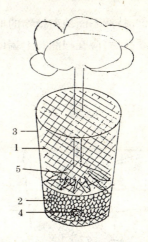

图2-15 根灌栽培剂使用示意
1. 栽培基质 2. 水凝胶块层
3. 花盆 4. 花盆底部的洞
5. 植物根系

肥),不用人们操心,且由于是根部灌溉,节水,水的利用率高,植物生长得比其他灌水方式好,如果是经济作物,其产量可以增长20%~30%。当然,也就不会有水、肥流出花盆。

如图2-16所示,在花盆内已经栽入植物;在盆内挖数个根灌孔,根灌孔从上一直贯通至植物的根部,并在其内放入下层是水凝胶块层、上层是泥土或无土栽培基质层构成的根灌栽培剂层。根灌孔的数目根据花盆大小而定,一般2~4个。孔径大小亦随盆体口径大小而变化,一般5~10厘米。根灌孔底部通常需距离盆底2~3厘米。花盆内底部中间的洞用他物盖住。水凝胶块施水、施肥同上。水凝胶块层中水少或无水时,可通过根灌孔向栽培基质层和水凝胶块层中加水、肥,待水凝胶块层吸足水后停止,使得水凝胶块层又可缓慢、

均匀、持续不断地向植物的根系供应水、肥。首次在盆内挖置根灌孔后,应在根灌孔上端口处浇定根水。

5. 使用根灌栽培剂的经济效益与社会效益 根灌栽培剂是以高吸水树脂的水凝胶块为主的基质。把这种基质垫入普通花盆前,先将盆底的孔盖住,然后铺上2厘米左右厚的泥土,再填入根灌栽培剂。其高度为离盆底 1/4~1/3 盆高。然后用园土栽花,并设置一根灌孔,孔底直通根灌栽培剂的基质处,孔口露出土层外面即可。如此园土便从底层基质中吸水、吸肥,水肥没有了,可以从根灌孔中补入。实验证实,用等量的水分,该法比常规对照节水 66%~83%,这对节日摆花有重要意义。如北京"五一"、"十一"都要摆500万盆花,本来每天浇1次水,现在至少可以隔3天浇1次水,也照样生长良好。摆花1个月,节水及节工费用超过2 500万元。可见其效益是很显著的。

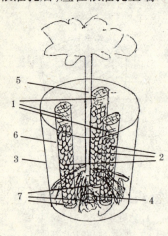

图 2-16 根灌孔示意
1. 栽培基质 2. 水凝胶块层
3. 花盆 4. 花盆底部的洞
5. 植物 6. 根灌孔
7. 根灌孔底部与花盆底的距离

(二)根灌剂在花卉上的应用

1. 根灌剂的选择 根灌剂分3种类型:一是颗粒旱地神,能吸收自身重量 400~600 倍的纯水(即无矿质离子水);二是块状旱地神,能吸水 250 倍左右,价格较低廉,使用效果与颗粒旱地神一样；三是栽花宝，是根灌剂中的精品，吸水200倍以上，但发生浸胀12小时后的水凝胶块比"旱地神"的水凝胶块硬度大得多，弹性也强。旱地神富含钾（一般土壤均严重缺钾），是农业上应用的主导产品。

不管是颗粒旱地神还是块状旱地神，使用时，它们的水凝胶块均具有同等的节水节肥与保水保肥的优良效果。种植附加值高的花卉，可用栽花宝水凝胶块，它含有氮、磷、钾肥，耐压与保水能力更强。

2. 根灌剂在初栽盆花时的应用 可先将花盆底部的孔用一小瓦片等物盖住，然后向盆底部放入2厘米厚的土，再将"水凝胶"倒入，厚约5厘米，最后填土或填无土栽培基质（原来习惯使用的基质组合），就可以栽花了，栽后浇定根水（见图2-15）。

3. 根灌剂在已栽盆花中的应用 较小的花盆，可在花盆一边挖出一些土（可挖到近盆底），然后灌上"水凝胶"（不要放到盆口），再将挖出的土盖上，浇足水即可。中等大的花盆，可在花的两侧相对应处按上述方法实施。大花盆可在花盆的等边三角形顶点处挖3个孔，照上述方法操作即可（见图2-16）。

4. 花卉无土栽培根灌槽 在无土栽培槽底层，均匀地铺上一层厚度相当于槽高1/15～1/10的根灌剂水凝胶块。一般槽深20～35厘米，这时根灌剂水凝胶块则厚2～3厘米。但是，当根灌槽很浅时，水凝胶块的厚度也不能小于1.5厘米。然后在水凝胶块层上面铺上无土栽培基质，从此水分会自然从底部贮水层通过毛细作用源源不断地提供给花卉根系吸收。根灌槽浇灌水的次数至少比未用"根灌"技术的无土栽培槽少1/3以上。从而可节水、省工、省电也在1/3以上。根灌花卉无土栽培槽，每次浇灌补充水分时应一次补足，即应加入水量(毫升)=槽长(厘米)×槽宽(厘米)×水凝胶块层厚度(厘米)。

上述讲的2、3和4用根灌剂的栽花技术,可以半个月至1个月不浇水,照样生长良好,这对于节日摆花、高架桥两侧的花卉护理有很大的意义。

(三)根灌栽培剂在蘑菇栽培上的应用

使用根灌栽培剂能使蘑菇栽培基质保持湿润与疏松透气的状况,促进食用菌生长发育,提高子实体产量,改善食用菌商品性状。

1. 根灌栽培剂的调制 按1/2栽花宝加1/2颗粒旱地神,使得吸水倍数达300倍(1/2×200倍+1/2×400倍)以上,然后粉碎成80~100目的细小粉末。但如果粉末细度超过100目,会影响水凝胶的透气性能。

2. 栽培基质 栽培基质配方以80%棉籽壳+20%麸皮+0.5%调制过的根灌栽培剂为最好,其次是80%木屑+20%麸皮+0.5%调制过的根灌栽培剂,再按栽培基质重量2倍左右加水(最好是蒸馏水)培养蘑菇产量最高。例如,用第一种配方的基质栽培金针菇,可比对照增产30%左右,而且商品性状也比对照优良,子实体乳白鲜嫩,基部褐化长度一般占子实体长度的1/4,而对照褐化长度一般达到1/2。1千克栽培基质中仅用5克调制过的根灌栽培剂,但可比对照增产250克左右的金针菇,产投比达5:1以上。

3. 增产原因 在食用菌栽培基质中加入0.5%调制过的根灌栽培剂增产的原因,是这种吸水保水剂能使栽培基质持水量大幅度增加,这就增加了栽培基质与食用菌之间水分关系的缓冲性和稳定性,菌丝体能得到充足的水分供给,且这种吸水保水剂吸水后呈膨松而又有弹性的水凝胶块,使栽培基质仍然保持疏松透气的状态,改善了食用菌栽培基质的物理条件。其他几种高分子吸水剂如琼脂、阿拉伯胶、藻酸盐、明胶、淀粉-丙烯酸盐接枝等虽有很强的吸水能力,但吸水后凝胶强度小、弹性差,不能起到使栽培基质疏松透气的作用,不适用于食用菌栽培基质中。

在食用菌栽培基质中加入根灌栽培剂不仅可以使蘑菇稳产、高产,而且管理方便,尤其在室内栽培条件下,在一般空气湿度情况下不必喷雾洒水。

(四)根灌栽培剂在竹林丰产方面的应用

在笋用竹林中进行了"成片包根"试验,方法是在竹笋发完时,在林地上面先铺一层厚3~6厘米的有机肥(用腐熟后的栏粪只要3厘米厚,用土杂肥要6厘米厚),然后再铺上2厘米厚的根灌剂的水凝胶,最上层铺基质15~20厘米即可。无土栽培基质可因地制宜制造,稻草、麦秸、中药渣、菇渣、香蕉秆、晒干的树叶杂草、沼气池渣、菜场或城市有机垃圾(去掉塑料、玻璃与金属)等均可代用。蔗渣、甜菜渣、木屑也可作为基质,但必须充分发酵。粉碎的玉米秆、高粱秆也可。试验表明,可以提前一个季度发笋,且笋期长,产(净收入)投比在4:1以上。此法投入的资金比较多,但获得的利润更多。

八、根灌在干旱地带造林绿化上的应用

我国西北地区如甘肃省干旱异常,大部分地区没有地下水源,又少雨,正常年份年降水量只有300毫米左右,而年蒸发量高达1 200毫米。我们在非戈壁沙漠的干旱地带植树造

林,用常规浇灌的办法成活率只有 30%～50%,而用根灌技术成活率可达 90%以上。在戈壁沙漠地带用根灌技术造林,效果也很显著。

(一)非戈壁沙漠地带应用根灌技术植树造林的方法

1. 挖栽植坑 树苗栽植前,应先挖好坑。一般坑深 50 厘米、直径 50 厘米,用相应尺寸的方形坑亦可,苗大坑可深些。对于高 50 厘米以下的微小苗,坑长、宽、深各 35 厘米即可。

2. 用根灌剂的水凝胶植树苗的方法

方法一 见图 2-17。

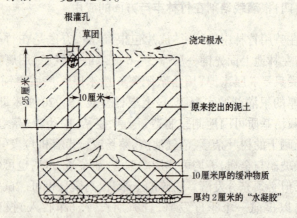

图 2-17 用根灌剂水凝胶植树方法一示意

①先放"水凝胶",再放缓冲物质。树苗的根系摊开后放在缓冲物质上面,然后填原来挖出来的泥土至一定厚度,再放根灌孔。孔的直径约 8 厘米,长 25 厘米左右。根灌孔中间要塞个草团。此孔外壁与树干表皮只距 10 厘米。其特点是孔下端与缓冲物质相接触,水、肥(化肥的总浓度不超过 0.5%)由根灌孔施入。然后填满原来挖出来的泥土。不设根灌孔也

可以,但效果差一些。

②缓冲物质可用原来挖出的表层泥土。有条件的用下列物质更好:腐熟后的厩肥、土杂肥、干草、秸秆、有机垃圾、绿肥、草炭、泥炭。可将上述物质按任意比例混合使用。其厚度为踏(压)实后尺寸。

③树苗高度的 1/3~1/2 要埋在泥土里。

④浇定根水 10 升。最好能将浓度为 0.1%~0.15% 磷酸二氢钾水溶液作为定根水来浇,10 升定根水需磷酸二氢钾 10~15 克。

⑤春季多雨地区,坑上覆泥时,应高于地面(见图 2-17 虚线部分),以免积水烂根。

⑥有条件的加些乙酰甲胺磷(大苗 50~70 克,中苗 35~50 克,小苗 20~35 克,掺在缓冲物质中搅拌均匀)和磷酸二氢钾,不加也可以。

方法二 见图 2-18。先填缓冲物质,接着把苗的根系摊开放在缓冲物质上面,再在坑的左右两侧各放 1/2 根灌剂的水凝胶,便可将原来挖出来的泥土填满整个坑。其他操作同方法一。

3. 树苗分等及处理 苗高超过 2 米为大苗,1.5 米左右为中苗,1.2 米以下 80 厘米以上为小苗。对于高 50 厘米以下的微小苗以及丛生树的树苗,可采用成片包根集簇栽培,也可用蘸根处理。蘸根处理的方法,是用 0.2%~0.3% 的磷酸二氢钾溶液浸根半小时以上再种植。

4. 每株树苗的水凝胶用量 大苗约 2 500 克,中苗约 2 000 克,小苗、微小苗约 1 500 克。

5. 管理 早晨见叶暂时性萎蔫,应浇透一次水。

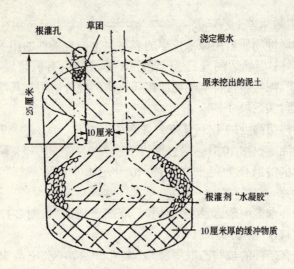

图 2-18 用根灌剂水凝胶植树方法二示意

(二)在沙漠或戈壁滩地带利用根灌技术植树造林方法

1.挖栽植坑 树苗栽植前,应先挖好栽植坑。一般坑深50厘米、直径50厘米,用相应尺寸的方形坑亦可。苗大坑可深些。

2.用根灌剂的水凝胶植树苗的方法

方法一 见图2-19。

①先放泥炭(煤泥)、腐殖质土、草炭和客土(以任意比例混合均可)或者是煤矿的废煤、发电厂废的粉煤灰(未经燃烧过)、煤矸石,在不得已的情况下,放原来挖出来的沙石(10厘米厚)。

②再放根灌剂的"水凝胶",然后放缓冲物质(5厘米厚)。最好填2~3厘米厚的泥土,没有泥土也可以。将树苗的根系摊开后放在泥土或者缓冲物质上面,然后填原来挖出来的沙

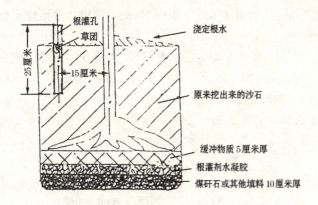

图 2-19 采用根灌剂植株方法一示意

石,到一定厚度时放置根灌孔,再用原来挖出来的沙石填满。根灌孔的直径约 8 厘米,孔长 25 厘米左右。根灌孔中间要塞个草团。此孔外壁与树干表皮只距 10 厘米(孔中心与树中心距离 15 厘米)。其特点是孔下端不与缓冲物质相接触,水、肥(化肥的总浓度不超过 0.5%)由根灌孔施入。

③缓冲物质的选用。有条件的尽量用下列物质:厩肥(腐熟后的羊、牛、马、猪等粪肥)、土杂肥、干草、秸秆、有机垃圾、绿肥、腐熟后的人粪尿及化肥(500~1 000 克过磷酸钙或钙镁磷肥或烧过的煤球渣、煤灰渣如发电厂的煤灰渣等)。可将上述物质按任意比例混合使用。其踏(压)实后的厚度应在 5 厘米以上。

没有条件的地方,只能用原来挖出来的表土沙石,但成活率受影响。

④树苗高度的 1/3~1/2 要埋在沙石里。

⑤视树苗大小浇定根水 10~15 升。最好能将浓度为 0.2%~0.3%的磷酸二氢钾水溶液蘸根后种植,然后浇定根

水;或者将浓度为0.15%~0.2%的磷酸二氢钾水溶液作定根水来浇。

⑥有条件的加些40%乙酰甲胺磷(大苗50~70克,中苗35~50克,小苗20~35克。搅拌掺匀在缓冲物质中)和磷酸二氢钾,不加也可以。

方法二 见图2-20。

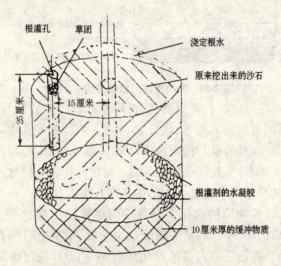

图2-20 采用根灌剂植树方法二示意

①先填缓冲物质,最好填2~3厘米厚的泥土(没有泥土也可以)。

②接着把苗的根系摊开放在泥土或者缓冲物质上面,再在坑的左右两侧各放1/2根灌剂的水凝胶,便可将原来挖出来的沙石填满整个坑。

③缓冲物质与根灌孔的设置及其他操作同方法一。

对于珍贵树种,如侧柏、杜仲、桧柏、樟子松、油松等,宜放缓冲物质。

3. 树苗分等及处理 苗高超过 2 米为大苗,1.5 米左右为中苗,苗高在 1.2 米以下 80 厘米以上为小苗。有些丛生树,其树苗特别微小,可采用成片包根集簇栽培,也可用蘸根处理。

4. 每株树苗的水凝胶用量 大苗 4 000~4 500 克,中苗 3 000~3 500 克,小苗 2 000~2 500 克。越是干旱的地区用量越多。

5. 管理 早晨见叶子暂时性萎蔫,应浇透一次水。

(三)经济效益分析

在非戈壁沙漠地带,用喷灌与滴灌辅助造林,成活率亦可达到 90%,但投入成本比用根灌的高 3~7 倍(表 2-18)。根灌技术用于大树移栽,成活率提高 30%~40%,节约用水与劳力将近 1/2。

对于戈壁沙漠地带,采用根灌造林,其经济效益更高。因为用常规方法在那里造林的成活率仅 10%~30%,而用根灌技术大规模造林的成活率仍超过 90%。

沙漠地带应有高吸水保水剂粉剂,因为粉剂用水溶胀后的水凝胶可以用泵通过管道运输,否则在沙漠里人工运输很费力。

九、用根灌技术治理沙漠效果显著

(一)在沙漠或戈壁滩地带集簇栽培方法

1. 挖栽植坑 栽植树苗前,应先挖好栽植坑,用相应尺

表 2-18　用不同灌溉方式造林使每公顷成活 1350 株以上苗木的成本对比

灌溉方式	一次性成活率(%)	造林达标的周期(年)	完成造林用苗量(株/公顷)	苗木价值(元/公顷)	栽苗劳务费(元/公顷)	灌溉用水量(升/公顷)	水的费用(元/公顷)	使苗成活率达到90%的后期抚育管理费(元/公顷)	设备和材料投资(元/公顷)	动力运行维护费(元/公顷)	造林达标的总成本(元/公顷)	造林达标成本对比率(%)
浇灌	50	2~3	3000以上	2100以上	2100以上	每年3个月共112500	56.25	5625(每年浇水5次)	0	0	至少9881.25	286.2
喷灌	90	1	1500	1050	1050	3个月22500	11.25	2475	7500	975	13061.25	378.3
滴灌	90	1	1500	1050	1050	3个月15000	7.5	1950	16500	1200	21757.5	630.1
根灌	90	1	1500	1050	1050	一次性6000	3	0	1350	0	3453	100

注：1. 苗木费 0.70 元/株(苗高 60～100 厘米)；2. 栽苗劳务费(包括整地、运输、栽植苗木、浇定根水)0.70 元/株；3. 水按 0.5 元/米³ 计；4. 每公顷平均用根灌胶 45 千克,不超过 1350 元；5. 每次浇水按每个工 25 元计

寸的长方形抗,一般坑深50厘米。

2. 用根灌剂的水凝胶植树苗的方法 见图2-21,图2-22。

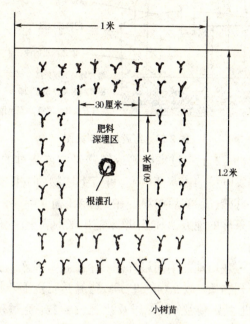

图2-21 集簇栽培平面图

①先放泥炭、腐殖质土、草炭和客土(以任意比例混合均可)或煤矸石,在不得已的情况下,放原来挖出来的沙石(10厘米厚)。

②再放根灌剂的"水凝胶"(5厘米厚),然后放缓冲物质(5厘米厚),将小树苗的根系摊开后放在缓冲物质上面,然后用原来挖出来的沙石填满。

③选用缓冲物质。有条件的尽量用下列物质:厩肥(羊、牛、马、猪等粪肥)、土杂肥、干草、秸秆、有机垃圾、绿肥、人粪

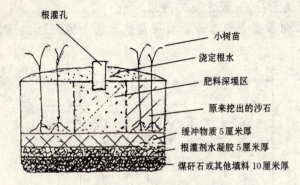

图 2-22 集簇栽培剖面图

尿及化肥(1~2千克过磷酸钙或钙镁磷肥或烧过的煤球渣、煤灰渣如发电厂的煤灰渣等)。可将上述物质按任意比例混合使用。其踏(压)实后的厚度在5厘米以上。

没有条件的地方,只能用原来挖出来的表土沙石,但成活率受影响。

④集簇栽培地的中间最好挖一个肥料深埋区。有条件的尽量用下列物质:厩肥(羊、牛、马、猪等粪肥)、土杂肥、干草、秸秆、有机垃圾、绿肥、人粪尿及化肥(1~2千克过磷酸钙或者钙镁磷肥或烧过的煤球渣、煤灰渣如发电厂的煤灰渣等)。可将上述物质按任意比例混合使用。其踏(压)实后的厚度15厘米左右。

没有条件的地方,不挖肥料深埋区也可,不过成活率受一定影响,但是根灌孔仍要留着。

⑤树苗高度的1/2~2/3要埋在沙石里。

⑥浇定根水。依照苗的数量与大小每一株苗浇2~4升来计算。

⑦有条件加些40%乙酰甲胺磷(70~100克,搅拌掺匀在

缓冲物质中)和磷酸二氢钾,不加也可以。

3. 栽植 树苗特别微小如沙棘、沙冬青,应采用集簇栽培,同时可采用蘸根处理,即将小树苗用浓度 0.2%～0.3% 的磷酸二氢钾水溶液蘸根后种植,然后浇定根水。以后用根灌孔浇水与施肥,化肥溶解在水里和水一起灌入根灌孔。化肥的总浓度应小于 0.5%,一般以 0.4% 为宜,如尿素的浓度为 0.3%,磷酸二氢钾的浓度为 0.1%,总的化肥浓度为 0.4%。

4. 水凝胶用量 每株树苗的水凝胶用量,依照 5 厘米厚度及平面的大小计量。

5. 管理 见叶子暂时性萎蔫,应浇透一次水。

(二)在沙漠或戈壁滩种植牧草与蔬菜的方法

在沙漠或戈壁滩采用根灌技术种植牧草与蔬菜的方法,参见本章第三部分和图 2-23。

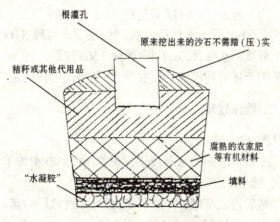

图 2-23 根灌沟(包根区)剖面图

十、用根灌技术种植甘蔗的方法

(一)种植模式

根灌也适用于条种。见图 2-6。

①采用根灌沟双侧条种甘蔗:密度较大的,垄(畦)宽 70 厘米,垄上根灌沟宽 25~30 厘米、深 30 厘米左右,垄高 10 厘米以上,防止渍水。沟平地面,宽 30 厘米左右,可走人,便于操作。这样的垄沟结合,如果每 1 米长单侧种 5 株,两侧就是 10 株,每 667 米^2 可种 6 666 株;如果每 1 米长单侧种 6 株,两侧就是 12 株,每 667 米^2 可种 8 000 株。

②采用根灌沟中央种植甘蔗:垄(畦)宽 50 厘米,垄上根灌沟宽 25~30 厘米、深 30 厘米左右,垄高 10 厘米以上,防止渍水。沟平地面,宽 30 厘米左右,可走人,便于操作。这样的垄沟结合,如果每 1 米长种 6 棵,每 667 米^2 可种 5 000 株;如果每 1 米长种 9 株,每 667 米^2 可种 7 500 株。

采用上述哪种模式种植甘蔗,根据当地习惯而定。

(二)操作过程

见图 2-7。步骤如下:

①先将根灌剂的水凝胶铺在根灌沟底。在南方季节性干旱地区,铺 1~2 厘米厚即可。

②然后再放基肥,厚 10 厘米,最好是腐熟后的猪、牛、马、羊等畜粪肥及饼肥,每 667 米^2 需 1 000 千克左右,最好用缓释的磷肥 25 千克左右拌和在一起。接着在基肥上面铺压缓冲物质,厚 10 厘米左右。这些缓冲物质最好是稻草、麦秸及其

他秸秆等,高度应略超过地平面。秸秆宜首尾相接。下一步在秸秆上浇灌足够的水,踏实后应与地面相平,如果还没有达到要求,则需再加压秸秆,最后将根灌孔护套的小头稍插入缓冲物质中 2 厘米左右立稳。根灌孔长度 25 厘米左右。根灌孔间隔的距离 1.5 米左右(没有专用的根灌孔护套可用去底的可乐瓶代用)。根灌孔护套里面要放草团,以减少水分蒸发。接着将原来挖上来的土填回根灌沟。回填后要比地平面略高,但比根灌孔护套上端要低些,便于通过根灌孔护套灌施水、肥、农药。一般在灌水时可带些速效肥,平均分配施入根灌孔内。根灌沟中缓冲物质的用量,以稻草或麦秸为例,每 667 米^2 500 千克左右,以偏多些为好。

③缓冲物质的选用可以因地制宜。如果没有稻草、麦秸,有中药厂的药渣、菇渣、香蕉秆、晒干的树叶杂草、沼气池的渣、菜场或城市有机垃圾(去掉塑料、玻璃与金属)等均可代用。蔗渣、甜菜渣、木屑也可作为缓冲物质,但必须充分发酵。玉米秆、高粱秆碾裂后,方可作缓冲物质。没有缓冲物质也可以,将根灌孔护套可插入基肥里面 2 厘米左右,再把原来挖上来的土壤填回根灌沟即可。

④若不愿意一层一层放置水凝胶、基肥、秸秆,则可把粉碎的秸秆(玉米秆或麦秸或稻草或干的杂草)浸透水及根灌剂水凝胶一起与基肥(腐熟后的厩肥)掺和均匀成混合物,放入根灌沟。根灌孔的底部应深入上述混合物中 2 厘米左右。

⑤种甘蔗前,先把甘蔗砍成 10 厘米左右长的段,每一段有一个节即有一个芽眼,再在根灌沟的两侧 8 厘米左右或中央,与根灌沟平行方向挖穴,穴深 6~8 厘米,穴长在 10 厘米以上,穴内放入根灌剂的水凝胶 50~100 毫升(天气越干热放的水凝胶越多),然后再把成段的甘蔗平行于根灌沟放置到穴

内(芽眼朝上),盖上6~8厘米厚的土即可。

⑥浇定根水。

⑦有根灌孔打孔器时,可以先覆完土,再用打孔器在一定位置打孔,然后在孔中插入根灌孔护套,其底部要与缓冲物质或基肥相接触。

⑧有条件的地方,可将一条软管的一头接到自来水龙头上,另一头封闭起来,把这条软管放在根灌沟的根灌孔上方(根灌孔上方专门有一个缺口供放置软管用),在软管下方对着根灌孔处刺一个小孔,水就从这个小孔流入根灌孔内。需要放水时,将水龙头打开,不需要水时关闭即可。

(三)水肥用量

有条件的地方用40%乙酰甲胺磷,每平方米20~30克,搅拌掺匀在基肥中。不用也可。

每平方米浇定根水6~9升(越是干旱的地区应越多)。有条件最好能将浓度为0.2%~0.3%的磷酸二氢钾水溶液蘸根后种植,然后浇定根水;或者将浓度为0.15%~0.2%的磷酸二氢钾水溶液作定根水来浇。

(四)管 理

移苗后半个月,管理同常规栽培一样,待作物根系深入到根灌区的包根物质后,则所有的水、肥、农药均应通过根灌孔(交换孔)灌施入地下的根灌区内(化肥、农药的总浓度不超过0.5%,一般以0.4%为宜,如化肥的浓度为0.3%,农药的浓度为0.1%,两者加起来为0.4%)。那里有植物密集的毛细根,这等于喂到植物的"嘴巴"里,故吸收利用率特高。

早晨见叶子暂时性萎蔫,应浇透一次水。

十一、用根灌栽培剂进行条种的模式

用根灌栽培剂进行条种,其包根区的剖面见图 2-7,图 2-23。若根灌用于成年果树,而果树的树冠已交叉成荫,则可用成行包根(图 2-24)。对于幼小作物如一年生作物、幼小的树苗、密植桑、丛生型植物或灌木等,可视其种植密度,采用单侧包根(图 2-25)或双侧包根(图 2-26)。

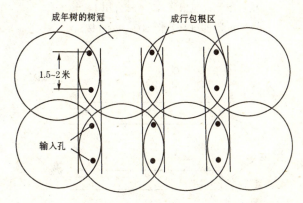

图 2-24　树冠交叉成荫的经济果林成行包根示意

(若包根区第一年竖置,则次年改为横置,逐年轮换为好)

其应用效果以香蕉单侧成行包根为例加以说明。海南岛有半年是雨季而不需要浇水,半年是旱季需要浇水,而根灌香蕉比常规管理(CK1)的香蕉要提早 1 个月成熟,因此少浇 1 个月的水。香蕉地漫灌一次,每公顷需水 300 米^3。根灌香蕉每隔 10 天漫灌 1 次,而常规管理(CK1)的香蕉要每天漫灌 1 次。根灌香蕉抗旱总用水量仅为常规管理(CK1)香蕉的 1/12,而净收入增加 1 倍多;对照 2 的常规管理香蕉(CK2),同根灌香

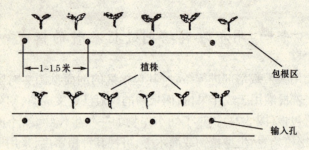

图 2-25 单侧包根示意

(植株单侧设包根区,2~4 株合用 1 个输入孔。

密度每 667 米² 600~1 000 株)

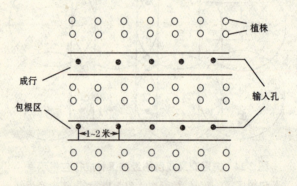

图 2-26 双侧包根示意

(若按宽窄行栽培,包根区设在宽行中间。

密度每 667 米² 4 000~5 000 株)

蕉一样每隔 10 天漫灌 1 次水,结果香蕉全部枯死,颗粒无收,每公顷亏损 1.5 万元。详见表 2-19。

表 2-19 香蕉根灌与漫灌投入产出对比

灌溉方式	面积（公顷）	密度（株/公顷）	种苗费（元/公顷）	肥料与农药费（元/公顷）	耗水量（米³/公顷）	用水费（元/公顷）	投工费用（元/公顷）	香蕉产量（千克/公顷）	上市时间	上市价格（元/千克）	总收入（元/公顷）	净收入（元/公顷）	净收入增加率（%）
根灌	20	2 700	2 160	10 374.9	4 500	742.5	4 125（165个工）	24 675	春节前	2.4	59 220	41 817.6	208.8
漫灌(CK1)	10	2 700	2 160	8 499.9	54 000	8 910.0	4 950（198个工）	20 250	春节后	2.2	44 550	20 030.1	100
漫灌(CK2)	10	2 700	2 160	8 499.9	4 500	742.5	4 125（165个工）	0（全枯死）	—	—	—	−15 527.4	−77.5

注：1. 供试验品种为巴西香蕉；2. 每米³水抽取费仅按 0.165 元计；3. 每个劳动日（工）按 25 元计，根灌的一个工可管 2 公顷，漫灌(CK1)只能管 1.33 公顷；4. 根灌蕉园比漫灌蕉园(CK1)每 667 米² 净收入增加 1 452.5 元

十二、根灌技术在城市绿化上的应用

(一)根灌技术在行道树抗旱、施肥上的应用

1. 操作过程

(1)沙漠戈壁滩地带　见图 2-27。先挖根灌坑,坑深 1.5 米、直径 20 厘米。坑内先放泥炭(煤泥)、腐殖质土、草炭或煤矿的废煤、发电厂废的粉煤灰(未经燃烧过)、煤矸石等填料,以任意比例混合均可,厚 10 厘米。再放根灌剂的水凝胶,厚 1 米。然后放入珍珠岩或蛭石及其以任意比例的混合物,厚 20 厘米。再插直径为 8 厘米左右的根灌孔。孔长 25 厘米左右,孔下端插入珍珠岩或蛭石层 2 厘米左右。最后把沙石掩埋在根灌孔的周围即可。

(2)干旱与半干旱地区　见图 2-28。坑深 1.25 米,坑的直径 20 厘米。先放根灌剂的水凝胶,厚 85 厘米左右。然后放珍珠岩或蛭石及其以任意比例的混合物,厚 20 厘米。再插直径为 8 厘米左右的根灌孔。孔长 25 厘米左右,孔下端插入珍珠岩或蛭石层 2 厘米左右。最后把泥土掩埋在根灌孔的周围即可。

(3)南方季节性干旱地区　见图 2-28。坑深 1 米,坑的直径 20 厘米。先放根灌剂的水凝胶,厚 60 厘米。其他操作同干旱与半干旱地区,但根灌孔中间都要塞个草团。

2. 根灌坑的要求　直径在 15 厘米以下的小树只需 1 个坑;直径 15 厘米以上的大树需 2 个坑,最好在对角线上面。因故坑的直径达不到 20 厘米时,可以挖得深一些,根灌剂的水凝胶随着坑深的增加而增加。如果上述要求达不到,可以

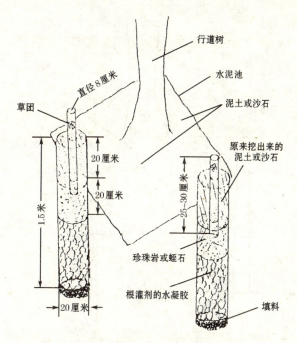

图 2-27 在沙漠戈壁滩地带应用根灌技术示意

增加坑的数量。坑宜排列在行道树的四个角上。可用洛阳镐（铲）或打孔机钻坑。

3. 管理 早晨见叶子暂时性萎蔫,应浇透一次水。

(二)利用根灌技术种植草坪(皮)

1. 操作过程 先在地上抹一层根灌剂水凝胶,然后铺上草坪(皮),再浇一些定根水。不同地区,水凝胶的厚度不同：沙漠或戈壁滩地带为 3 毫米,干旱与半干旱地区 2 毫米,南方季节性干旱地区 1 毫米。浇定根水的量不同地区也不同,以

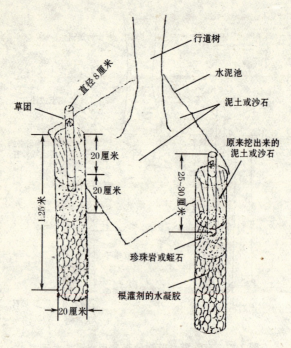

图 2-28 在干旱与半干旱和
南方季节性干旱地区应用根灌技术示意

每平方米计：沙漠或戈壁滩地带 12 升，干旱与半干旱地区 9 升，南方季节性干旱地区 6 升。最好能将浓度为 0.15%～0.2%的磷酸二氢钾水溶液作定根水来浇，沙漠戈壁地带一定要用。

2. 管理 早晨见叶子暂时性萎蔫，应浇透一次水。

十三、根灌技术在大树移栽与育苗上的应用

(一)用于大树、小树及竹类移栽

1. 大树移栽的操作技术　见图 2-29。

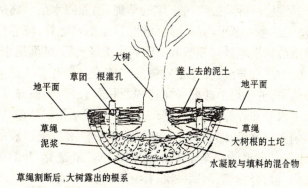

图 2-29　大树移栽示意

①造浆渗缝,接通土壤毛管。

②改良土壤以微酸性基质为立地条件,促进复壮。一是增加土壤有机质以改良土壤,用专配微酸性的营养土与当地园土(熟土)1:2 混合,使得 pH 值为 6.5 左右;二是掘树坛坑要有一定的深度,足够容纳大树的土坨(墩);三是用生理酸性物质降低坑底、坑壁回填土的 pH 值,引根向深、广发展;四是添加所缺乏的微量元素,并增施磷肥,促进复壮。

③放根灌剂的水凝胶与填料以 1:1 的混合物,填料是珍珠岩、蛭石及其以任意比例的混合物。

④喷涂生根粉溶液,促进新根生长和伤口愈合。用法见生根粉产品使用说明书。

⑤埋根灌孔,即施水、施肥与通气的通道。大树根基土壤紧实,表土施肥无效,有时反因表土吸附,浓度过高,不利于新根生长。树坛开沟施肥,因伤根也不合适。树坛要预埋根灌孔(长度应到根基。可用打通竹节的竹筒或直径在8厘米以上有一定硬度的PVC塑料管代用),便于庭园树的管理。在根灌孔中灌注完全营养液,控制树冠的长势。

⑥定植时拆除捆绑树土坨的草绳,消除隔水层。捣造泥浆,使泥浆渗入填土与树土坨间隙,接通土壤毛管,使养分不断地供给树土坨供树根吸收。四周填土压实后,即灌足水。

⑦喷注营养液,补充移栽树的当年养分消耗。移栽大树当年萌发,主要是消耗前一年体内所积养分,若伤根部,当年吸收的水分和养分跟不上供应而耗尽,移植后第二年即枯死,是影响大树移栽成活率的主要原因。用树木吊瓶输液的方法,注入一定量的完全营养液或喷施15~30毫克/升的微量元素络(螯)合物肥,两周一次,补充养分。

⑧减少叶面和树干水分蒸发。结合树木造型,重整枝,减少叶面积;搭遮阳篷,减少蒸腾;主干捆绑草绳,草绳干后即喷湿,增加树皮吸水,降低树干温度;晴天每日9时后在叶片正、反面喷水。

⑨适时灌水。从根灌孔灌足水,促使新根向深处发展。视干旱情况,每隔3~4天或更长时间灌1次水。灌水同时带0.3%的全营养液更好。

⑩配合其他措施。如树皮损伤,在损伤处喷涂多菌灵,防真菌繁殖。用支架固定主干,防风摇树干损伤新根。

2. 小树及竹类移栽的操作技术 要点如下。

①造浆渗缝,接通土壤毛管。

②有条件的地方,改良土壤以微酸性基质为立地条件,促

进复壮。

③挖坑要有一定的深度,足够容纳小树或竹类的根系。

④放根灌剂的水凝胶与填料以 1:1 的比例混合。填料可以就地取材,如有机垃圾、秸秆、树叶、干的杂草、中药渣、菇渣、沼气渣和煤球灰等均可。填料要压实,以免根浮生。

⑤有条件的地方可喷涂吲哚丁酸或以 0.3%的碳酸二氢钾浸根,促进新根生长和伤口愈合。吲哚丁酸用法:取吲哚丁酸 1 克,加 100 毫升酒精使之溶解,然后加入 20~25 升的清水中,边加边搅拌均匀,即得稀释液。将欲生根的根系或枝条浸泡于其中,浸入深度以植枝埋入地层长度为宜。浸泡时间视植枝老嫩而定,2~3 年生的植枝浸泡 4~6 小时或过夜,1 年生的植枝只需浸泡半小时至 1 小时。

⑥埋根灌孔,即施水、施肥与通气的通道。小树或竹类的种植坑,要预埋根灌孔(长度应到根基,可用打通节的竹筒或直径在 8 厘米以上有这种硬度的 PVC 塑料管代用),在根灌孔中灌注完全营养液,控制小树或竹类的长势。

⑦浇定根水。有条件的地方最好浇 0.1%~0.2%磷酸二氢钾水溶液作为定根水。

⑧小树的叶要去掉一些,留下少数几片就可以了。竹类留 1/3 的叶,或者砍去 2/3 的竹梢,以减少水分蒸发(腾)。

⑨适时浇水、施肥。参见大树移栽的方法。

(二)用根灌栽培剂育苗的方法

1. 育苗 技术要点如下。

①用珍珠岩或蛭石,也可二者以任意比例混合,再放上物重量 2%烧过的煤球灰及 1%未烧过的煤灰或泥炭(煤泥)。

②用 0.1%磷酸二氢钾溶液 250 毫升浸发 1 克根灌剂 24

小时,温度在0℃以上,就成为根灌剂的水凝胶,再把它与上述物质拌成糊状(不要太湿)。

③将种子放在育苗盘底部,盖上上述糊状物质2~3厘米厚(视种子的性质决定厚度),保温、保湿。当表面干了时,就用喷雾器喷点水,保持湿润,但不要积水。

④待种子发芽后,再喷洒各0.1%的硫酸钾、磷酸二氢铵若干次,等长到4~5个真叶时就可移栽了。

⑤苗期有长有短,看种子的性质。有的只有几天就长出4~5个真叶来,即可移栽;有的要长到一个半月左右。

2. 移栽 小苗移栽时,先在泥土里挖个小穴,把小苗放入穴内,再在穴内放50毫升根灌剂水凝胶,然后覆土压实即可。

大苗移栽时,先在泥土里挖个大穴,把大苗放入穴内,再在穴内放100毫升根灌剂水凝胶,然后覆土压实即可。

十四、用根灌技术种植抗盐碱的牧草和其他作物的方法

(一)根灌沟的设置

根灌也适用于条种。采用根灌沟双侧条种(图2-30)抗盐碱的牧草和其他作物,根灌沟(包根区)垄(畦)、沟的参考尺寸如下。

密度较大的:垄(畦)宽70厘米,垄上根灌沟宽25~30厘米、深25~35厘米;垄高10厘米以上,防止渍水。沟平地面,宽30厘米左右,可走人,便于操作。这样的垄沟结合,每1米长单侧种3株,两侧就是6株,每667米^{2}可种4000株作物。

密度较小的:垄宽100厘米,垄上根灌沟宽30厘米左右,深25~35厘米;垄高12厘米以上;沟宽30厘米左右。

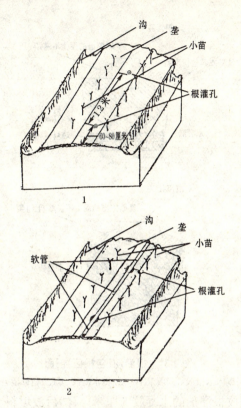

图 2-30 根灌沟双侧条种示意
1. 不带软管 2. 带软管

根据作物具体情况,亦可用宽窄行垄、沟相间组合,根灌沟尺寸基本与上述相同。也可加大垄宽,如 120 厘米宽垄上置 2 条根灌沟,种 3 行作物,其他尺寸不变。

(二)操作过程

根灌沟的剖面图见图 2-31。步骤如下:

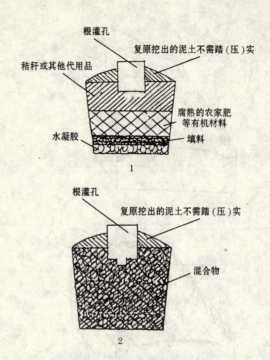

图 2-31 根灌沟(包根区)剖面
1. 分层放入水凝胶、基肥、秸秆 2. 将水凝胶、基肥、秸秆混合后放入

①先放根灌剂的水凝胶5厘米厚,然后放填料2~3厘米厚,也可以不放填料。填料是珍珠岩和蛭石(也可将两者任意比例混合)。再放缓冲物质10厘米厚,并将根灌孔护套小头插入缓冲物质里面约2厘米深(没有根灌孔护套可用去底的可乐瓶代用)。根灌孔护套里面要放草团,以减少水分蒸发。然后填满原来挖出来的泥土。

②缓冲物质。有条件尽量用下列物质:厩肥(羊、牛、马、猪栏粪等)、泥炭、腐殖质土、草炭、土杂肥、干草、秸秆、有机垃圾、绿肥、人粪尿及适量化肥(过磷酸钙或者钙镁磷肥或烧过

的煤球渣、煤灰渣如发电厂的煤灰渣等)。可将上述物质按任意比例混合使用。其厚度指踏(压)实后的尺寸。

没有条件的地方,只能用原来挖出来的表层泥土,但成活率受影响。

③有条件的地方,最好在缓冲物质上面加一些秸秆或其他代用品,麦秸或碾裂的玉米秆或高粱秆等均可,不用也行。

④若不愿意一层一层地放置水凝胶、填料、农家肥(缓冲物质)、秸秆,则可把粉碎的秸秆(玉米秆或麦秸或稻草或干的杂草)浸透水及根灌剂的水凝胶一起与填料和农家肥掺和均匀成混合物,放在根灌沟里面也行,但根灌孔的底部应插入上述混合物中2厘米左右。见图2-31(2)。

⑤抗盐碱的牧草和其他作物的苗移栽时(牧草如太阳麻、串叶松香草等,小树苗如沙棘等),种在根灌沟两侧,离根灌沟5厘米左右(种牧草)至10厘米左右(种小树苗)的地方。种抗盐碱的牧草和其他作物苗前先挖个穴,穴内放入根灌剂的水凝胶50~100毫升(种牧草)或100~200毫升(种小树苗),天气越干热放的水凝胶应越多。如果移栽成年抗盐碱的牧草和其他作物,则离根灌沟约10~15厘米,在成年抗盐碱的牧草和其他作物的下面要放较多的根灌剂水凝胶。

⑥浇定根水。每平方米浇3升左右。最好能用浓度0.2%~0.3%的磷酸二氢钾水溶液蘸根后种植,然后浇定根水;或者将浓度为0.15%~0.2%的磷酸二氢钾水溶液作定根水来浇。

⑦有条件加些乙酰甲胺磷和磷酸二氢钾,不加也可以。

⑧有条件的地方,可将一条软管的一头接到自来水龙头上,另一头把它封闭起来,把这条软管放在根灌沟的根灌孔上方(根灌孔上方专门有一个缺口放置软管),在软管下方对着

根灌孔处剌一个小孔,水就从这个小孔流入根灌孔内。需要放水时将水龙头打开,不需水时关闭即可。见图2-30(2)。

(三)管 理

移栽后7~15天,管理同常规栽培一样,待作物根系深入到根灌区的包根物质后,则所有水、肥、农药均应通过根灌孔(交换孔)灌施入地下的根灌区(化肥、农药的总浓度不超过0.5%,一般以0.4%为宜,如化肥的总浓度为0.3%,农药的总浓度为0.1%,两者加起来为0.4%)。

早晨见叶子出现暂时性萎蔫,应浇透一次水。

十五、底膜覆盖根灌法与挂膜集水法

(一)底膜覆盖根灌法

高吸水保水剂水凝胶的作用,除吸水保水之外,还可防止水分下渗成为作物根系吸收不到的地下水,防止地下盐分上升至耕作层而产生次生盐碱化。从后两种作用出发,我们可以用底膜覆盖根灌法来节水、集水,用可降解塑料薄膜或纸张代替高吸水保水剂的水凝胶层(图2-32)。不过它的节水、集水效果不如高吸水保水剂水凝胶,补救的办法是将根灌沟(包根区)在原来的基础上加深1/3~1/2,可在一定程度上增强节水、集水的效果。

用可降解塑料薄膜或纸张(白纸、牛皮纸、马粪纸),单位面积所需费用与高吸水保水剂水凝胶相当。如果不计环保效果,用非降解塑料薄膜也可以起到节水、集水的效果,但其十年之内都不能降解,因此造成白色污染;若纸张是印刷过的

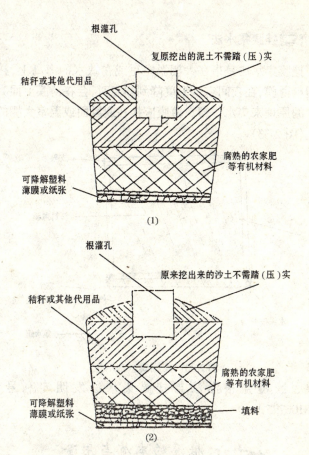

图 2-32 底膜覆盖根灌法的包根区剖面

(如报纸)或写过字的,不能用在食用植物上,因为印刷或写字的材料含有有毒物质,这些有毒物质会进入食物链,但可以用于观赏植物如花卉。

底膜覆盖根灌法,对于不同植物的根灌(包根)模式如前所述。

(二)挂膜集水法

挂膜集水法是指在大棚温室里或在缺水的海岛上,挂一张塑料薄膜,在夜间空气温度降到露点时,会在薄膜上面凝成露水的原理来集水。塑料薄膜应挂在迎风面或温室大棚的北墙上(图2-33)。

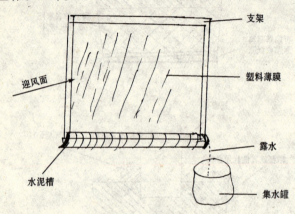

图2-33 挂膜集水法示意

底膜覆盖根灌法与挂膜集水法发明专利号为:ZL98106795.6

十六、根灌的本质与用途

(一)节水农业与根灌的本质

节水农业,其内涵是提高用水的有效性,也就是采取水利和农业措施充分利用降水和可利用的水资源。节水农业措施包括极其丰富的内容:农学范畴的节水(作物生理、农田调控)、灌溉范畴节水(灌溉工程、灌溉技术)和农业管理节水(政策、法规与体制)。节水农业的中心是用水的有效性,包括水的利用率和水分利用率。"根灌"讨论的内容是农学范畴和灌溉范畴的结合,重点是农艺节水技术部分,具体到地区、农田、农作物布局及农作物本身的节水。这方面的节水问题最多、难度最高、潜力也最大。灌溉用水的50%消耗在田间,如何做好田间节水,抑制土壤渗漏(水)、土壤蒸发和作物奢侈蒸腾,提高作物水分利用效率,既是节水农业的重要方面,也是节水农业发展的潜力所在。"根灌"克服了上述中所有不足之处,其特点就是将水、肥、农药直接喂到植物的"嘴巴"(根系)里,故吸收利用率甚高。

实际上根灌的本质,是部分基质栽培(包根区里面的物质都可视为基质)。根据植物学理论,植物的根系有1/3获得充分的水肥供给就能正常生长,而包根区内植物的根系往往超过了1/3,故植物从包根区吸取水肥就可满足植物生长的需要。包根区是人为设置的团粒结构,与外界的土壤性质关系不大,区内的酸碱度(pH值)、持水量(PF值)及气相与液相比等,都可以人为调节和控制到适合植物生长的水平,因此包根区为植物的营养代谢及根域微生态环境提供了可以人为控制的优良条件,从而达到植物速生丰产的目的。

(二)根灌的用途

根灌的节水增效技术用途很广,可以列举出以下方面。

①用于植树造林,提高树木成活率,改变沙荒地的生态环境,防治沙尘暴的发生与发展。

②用于经济果林,节约用水用肥,促进稳产高产,提高果品质量,可增加净收入20%以上。

③用于大棚瓜果、蔬菜的栽培,比滴灌栽培节水50%以上,且比滴灌对照区增产20%以上,净收入可提高20%以上。

用于露地瓜菜,可比喷灌、雾灌、渗灌、漫灌节水80%~98%,同时节约用肥,且可比常规平作增产20%以上,净收入亦可提高20%以上。

④用于花卉盆景与苗圃,可引起栽培技术上的一场不小的变革。

⑤用于城市绿化,可提高大树移栽成活率,降低行道树与草坪的养护费用,节约灌溉用水1/2以上,可缓解城市用水紧缺的压力。

⑥用于高速公路与城市内高架桥上两旁绿化带,可减少养护费用,节约灌溉用水1/2以上。

⑦用于屋顶绿化与离地栽培,增加城市绿化面积,有利于减少污染、净化空气。在离地栽培中,可结合无土栽培发展一批产业,如宾馆新鲜菜苗、庭园瓜菜种植设备、农村种苗供应等。

⑧用于治理盐碱地,并可防止次生盐碱化。

⑨用成片包根于竹林,使竹林早发笋、多发笋,产投比4∶1以上。

⑩可从根灌孔灌施农药,为植物杀虫治病。

⑪可以通过根灌孔施入如亚硒酸钠等对人体抗癌有益的元素硒(Se)等,培养特种食用植物。

⑫根灌包根区填充的吸附(缓冲)物质,可消化掉城乡各种有机垃圾,如废菜叶、中药渣、菇渣、沼气池的残渣、树叶、杂草、腐熟后的畜禽下脚料、破布烂棉花、稻草麦秸(不用切断)及碾裂或粉碎的玉米秆和高粱秆及香蕉秆、腐熟后的甜菜渣、木屑与甘蔗渣、纸屑(仅可用于非食用作物)等,使垃圾变废

为宝。

(三)根灌的适用范围

就我国而言,根灌最适用于西北干旱与半干旱地区,包括戈壁沙漠地带,也适用于南方季节性干旱地区,如海南岛西南部地区、云贵高原等地。

对于地中海型气候——作物生长季节的春、夏季不降水,作物休眠季节的冬季集中降水,如法国、意大利、西班牙、葡萄牙、阿尔巴尼亚、阿尔及利亚、利比亚、埃及等地中海周边国家以及澳大利亚,都属于这种气候类型,很需要根灌高效节水农业新技术。

南亚、中东及非洲一些地区是著名的干旱地带,那里很需要根灌高效节水农业新技术。

美国犹太州及中西部地区和南美干旱、半干旱地带,也很需要根灌高效节水农业新技术。

第三章 普通根灌技术及其应用

普通根灌是指不用根灌剂(高吸水保水剂)的节水、节肥抗旱新技术,适用于季节性干旱地区。例如,海南岛半年是雨季、半年是旱季,雨季降水量可达3 000~4 000毫米,旱季几乎不降水,月蒸发量却接近130毫米,很是干旱。普通根灌也适用于偏干旱地区。

一、旱地作物根灌抗旱施肥新技术

在季节性干旱及偏干旱地区,种植旱地作物,在现有的劳力和水肥条件下要夺取丰收,必须设计一种多快好省的抗旱施肥增产新办法。我们知道,根部附近的土壤性质和植物生长有着密切的关系,因此,这部分土壤是一片红黄壤中急需改良的。抓住了这个主要矛盾,我们就提出了用根灌法来解决上述问题。

该技术多年在蔬菜、林果上的实践已证明,具有高效节水节肥及增产的效果。

(一)根灌法简介

挖开植株须根密集范围处的上层土壤,深度以不过分损伤根系为原则(密植桑以15~20厘米为宜),先铺上5厘米左右厚的有机肥,然后铺上压实的厚为10厘米的杂草或其他吸附体(可因地制宜地利用有机垃圾、栏粪、桑夷、秸秆等作吸附材料,也可用沼气渣、中药渣、甘蔗渣、菇渣、杂草、树叶、破布烂棉花、废菜叶、腐熟后的畜禽下脚料与碾裂后的玉米秆、高粱秆等,有条件的可用珍珠岩、蛭石及泥炭等材料。对于用材林或观赏类花木可用废纸屑作基质或代用品,但不可用在食用作物上,因为废纸屑上的油墨和写字的墨水里含有有毒物质,有的甚至含致癌物质),再将原来翻起来的泥土覆盖其上,并视情况在覆盖土层中留些直径 5~10 厘米的用泥糊成的进水孔(最好在泥中掺入些石灰水,北方盐碱地改用石膏水),用来灌施水肥或农药,达到抗旱、施肥或防治病虫害的目的。由于在植物根系周围建造了这样一个地下小仓库,施入的物质能被吸附体所蓄积,很少向下渗透,也很少向空中挥发,便能充分地发挥它们各自的作用。

对于每公顷种植密度在 6 000 株以下的旱地作物,如果树、油茶、稀植桑、林木、香瓜、甜瓜、西瓜等,宜采用单株包根(图 3-1)。密度为 7 500~150 000 株/公顷时,作物的行距较小,如茶园、密植桑、玉米(按宽窄行种植)、高粱、棉花、蔬菜、甘蔗、苗木等作物,应做成行包根处理——沿行翻土,铺有机肥与吸附层、覆土,每隔一定距离设一个进水孔(一般几株作物合用一个进水孔)。当密度达 15 万株/公顷以上,株行距小而构成连片种植的作物或根鞭相连的竹林、麦、稻等,应做成片包根处理,此时在一定范围内设一个进水孔。见表 3-1。

表 3-1　包根类别与作物及相应沟、孔关系

包根类型	包根对象	沟宽×沟深(厘米)	沟形与排列	孔　数
单株包根	稀植桑、孤立竹	20~30×20~30	圆形或方形环状沟	每株 1 个
单株包根	幼龄柑橘	15~20×20~30	圆形环状沟	每株 1 个
成行包根	密植桑、茶	15~20×20~25	单侧或中间条沟	两株以上合 1 个

续表 3-1

包根类型	包根对象	沟宽×沟深(厘米)	沟形与排列	孔 数
成行包根	蔬菜、苗木、玉米	15~20×15~25	两行作物合一条沟	1~2米1个
成片包根	竹林、麦、稻	畦宽×15~25	整畦翻挖	1~2米²1个

注：成行包根见图 1-2,图 1-3,图 1-4

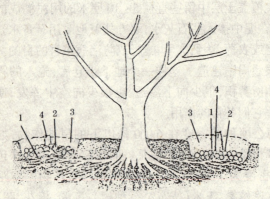

林木、果树根灌（包根）示意图

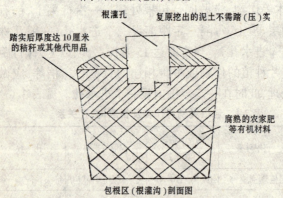

包根区（根灌沟）剖面图

图 3-1 单株包根示意
1. 植物毛细根 2. 吸附物质 3. 复原挖出的泥土不需踏（压）实
4. 根灌孔（灌施水肥与通气孔，也称进水孔与多功能孔）

(二)根灌法抗旱施肥的增产效果

1. 根灌法在桑树丰产上的应用 1972~1976年,我们在浙江衢县华垄大队和团石农场的几十公顷红黄壤丘陵上,对稀植桑和密植桑进行了反复试验,证明根灌法能以少量水肥和劳力,获得良好的抗旱、施肥和增产的效果(表3-2,表3-3)。

表3-2是华垄大队1975年试验结果。试验面积1.1公顷,在十来年生的稀植湖桑园中进行。其中试验桑2 588株,对照桑2 214株。试验桑每月每棵用根灌法施水1~12.5升,标准氮肥10~15克(有时以1/5比例加入些钾肥),肥料母液浓度为1%~2.5%。对照桑同样同时施肥,采用穴施。其他管理措施两者都一致。它们的位置按3×3正交拉丁方排列。

对照桑施水肥,其数量、性质与时间完全与试验桑的一样;另一种则不施上述水肥。但从产叶量角度来看,经统计检验证明,两者无真正差异即两者是一样的。原因是用常规办法施少量水肥,作用不大(因为那些水肥多半都被蒸发、流失掉了)。

表3-3是团石农场1976年密植桑试验结果。试验面积0.54公顷,品种为团头荷叶白,树龄3年生。试验区与对照区各设3个重复,按随机排列。这里试验区与对照区所施肥料的数量与质量一致。试验区的水、化肥都经根灌孔灌施;对照区化肥是穴施,水用漫灌。由表3-4可知,根灌抗旱用水量比漫灌节约85%~98%。

表 3-2 稀植桑单株包根试验经济效果分析

项目	桑叶产量(千克)		桑叶生长情况				养蚕成绩				收支情况(元/公顷)			
	株数	单株	公顷	每在每株枝条数	枝条长度(厘米)	单株产枝量(千克)	两在产枝量(千克/公顷)	每期养蚕子(克)	茧的价格(元/100千克)	蚕用叶量(千克/千克)	产茧量(千克/公顷)	枝条产值	茧产值	总收入	总投资	净收入
试验桑	2588	1.64	7252.5	12.67	73.2	0.72	3201	3.5	277.6	22.76	318.6	128.1	833.25	961.35	697.95	263.4
对照桑	2214	1.16	4897.5	12.1	45.78	0.33	1387.5	3.5	246.8	25.72	190.05	55.5	478.2	533.7	385.65	148.05
增产率(%)		41.38	48.09	4.7	59.9	118.2	130.7		12.48	−11.58	67.7	130.8	74.25	80.13		77.91

表 3-3 密植桑园成行包根试验经济效果分析

项目	株数	桑叶产量						桑生长情况				养蚕成绩					收支情况(元/公顷)				
		公顷密度(株)	单株产量(千克)	公顷产量(千克)	封顶率(%)			单株枝条数	枝条长度(厘米)	单株产枝量(千克)	公顷枝条产量(千克)	每期养蚕种量(克)	茧成量(%)	茧价格(元/100千克)	盒用叶量(千克/千克)	公顷桑产茧量(千克)	枝条产值	茧产值	总收入	总投资	净收入
					日/月	日/月	日/月														
试验	2394	8760	0.71	6213	21/7	8/8	11/9	3.47	153	0.397	3480	3.32	99.75	290.82	15.4	403.5	139.2	1173.3	1312.5	1108.8	203.7
对照	2132	7995	0.59	4693.5	22.2	23.4	22.1	4.1	127.5	0.32	2565	3.32	99.62	306.9	16.2	291.6	102.6	894.75	997.35	869.25	128.1
增产率(%)		9.57	20.34	32.37					20	24.06	35.67				-4.94	38.38	35.67	31.1	31.6		59

表 3-4　改良桑园土壤试验及根灌与漫灌用水量比较

季节	每667米²氮肥用量（千克）	每667米²栏粪用量（千克）	绿肥	土地改良		抗旱用水量对比		备注
				调整pH值每667米²石灰用量（千克）	每667米²加紫砂土（客土）量（千克）	漫灌（升）	根灌（升）	
春季	25		冬插绿肥翻入土中					
夏季	20	2000		50		漫灌	根灌	播绿肥,在施栏粪及深埋绿肥并作改土用的同时施加石灰
秋季	30		夏插绿肥翻入土中			漫灌	根灌	
冬季		2500		50	5000（冬耕时施）			插绿肥,在施栏粪及深埋绿肥并作改土用的同时施加石灰
合计	75	4500		100	5000	333000（按7~10月份4个月计算）	6500~45000（7~10月份每月灌施1~4次,灌水越勤,需水量越少）	漫灌10次:7月份2次,8月份3次,9月份3次,10月份2次。每次每667米²至少需水33300升　根灌:每周1次,每次每667米²平均406.25升;每月1次,每次每667米²11250升

注:1.贯彻上半年攻肥、下半年攻水、肥水兼顾的原则;2.平时中耕除草,冬季结合施冬肥（栏粪）进行一次全面深翻耕;3.紫砂土中性,含磷、钾肥;4.漫灌每年10次,按最少需水量,每667米²每次需水33.3米³

为了比较试验桑叶与对照桑叶的叶质,并核算试验的经济成本,上述两处试验中,我们还进行了养蚕成绩比较试验。

由上表可知,试验区与对照区相比,桑叶增产 32.39%～40.0%,枝条增产 35.67%～130.7%,蚕茧增产 38.38%～67.7%。从经济效益上来看,试验区总产值比对照区高 31.6%～80.1%,试验投资不但当年就能收回,而且还有不少盈余,使试验区的净收入比对照区增加 59.0%～77.9%(试验投资,包括用工、材料和肥料)。经统计检验证明增产显著。

目前根灌法已成功地推广到玉米、蔬菜、茶叶、柑橘的栽培上,并已见到类似的良好效果。

2. 根灌法在幼龄柑橘上的应用　1976～1977 年在浙江开化县上明廉村幼龄柑橘园进行"单株包根"施肥抗旱试验。试验是在红壤丘陵上柑橘园中进行的,面积 0.4 公顷。供试温州蜜柑 363 株(1975 年春栽种 216 株,其余是 1976 年春栽种)。分 3 组处理:根灌法试验组 143 株,对照Ⅰ组 155 株,对照Ⅱ组 65 株。三组柑橘的根部都施等量栏粪。试验组与对照Ⅰ组施水、肥量相同,每年 5～9 月份每月每株施化学氮肥 10～20 克或人粪尿 2～4 勺,施水 1 升,盛夏抗旱季节增至 5～10 升,即每 667 米^2 每月抗旱用水量 0.3～0.6 米^3。惟对照Ⅱ组不施水、肥,即为空白对照。

试验结果表明,采用根灌法试验的橘树,与对照Ⅰ组和对照Ⅱ组相比,生长发育均匀,树干粗,枝条多,叶厚色浓,树冠大,根系多且形成麻布根,试验组树体的体积比对照Ⅰ组和对照Ⅱ组大 1 倍以上,获得了树冠齐、密、匀、实的效果,从而提高了植株的抗逆力。1976 年冬至 1977 年春,浙江出现罕见的大冻害,根灌法试验组冻害均较对照轻。1975 年,栽植片根灌法试验树越冬受冻率为 1.2%,而对照Ⅰ组和对照Ⅱ组分别为29.55%和24.4%。另外也说明,在施微量水、肥的情况下,试验组橘树能良好地生长,而对照Ⅰ组虽然亦施等量的微量水、肥,但其生长与不施水、肥的空白对照Ⅱ组无显著差异。这说明根灌法确能大幅度地节水节肥,使作物速生丰产。冬季挖开对照Ⅰ组与对照Ⅱ组根部,可见上年施下去的栏粪还在,而试验区则全无。

3. 根灌法在竹林丰产上的应用 在20世纪七八十年代,在浙江省竹林上进行了"成片包根"试验,方法是在竹笋发完时,在林地上面先铺一层厚5~10厘米的农家肥(用腐熟后的栏粪只要5厘米厚,用土杂肥要10厘米厚),然后再铺上浸透水的稻壳5厘米厚,最上层铺稻草15厘米左右厚即可。试验表明,可以提前一个季度发笋,且笋期长,产(净收入)投比在4:1以上。此法投入资金比较多,但获得利润更多。

(三)根灌法的优点及用途

其一,提高水肥利用率。由于包根区的吸附层是植物根系密集的区域,水肥由根灌孔灌到那里,就像喂到植物的"嘴巴"里,因此吸收快而充分。根灌法不但具有地下深施的特点,而且施入的水肥被吸附在包根物质内,因此它们的地表流失和向下渗漏很少,又几乎没有蒸发扩散的损耗,所以利用率很高。另外,吸附层的pH值受土质影响小,且可设法调节,有利于作物对肥料的吸收和利用。在盛夏季节,用根灌法抗旱,每公顷密植桑园每月只需水15 000~30 000升,仅为漫灌用水量的2%~15%,浇灌用水量的10%左右,而桑园就呈现出一片茂盛景象。

其二,节约土地、劳力和动力。由于抗旱用水量的大量节约,抗旱劳力和动力亦节省了近十倍。另外,根灌法对地形适应性强,除平地外,也适用于丘陵、坡地及梯田等,用不着开沟挖渠、平整土地,这就大量地节约了抗旱所用的土地、劳力和机械动力。

其三,增产显著。根灌法用于抗旱施肥,能以少量水肥与劳力获得大幅度的增产。在桑树试验中,试验比对照的桑叶或枝条都增产30%以上,可靠性95%以上(t检验);且试验桑养蚕的单位茧用叶量亦比对照有所减少。需强调指出的是,试验投资不但能当年收回,而且还有相当的盈余,净收入比对照高59%以上。在柑橘、玉米与茶叶上亦见到良好的试验效果。

其四,提高土壤肥力,促使根系发达。包根区的吸附层能汇集雨后径流,就像在每株作物附近有一个小的水肥库,提高了土壤的保水保肥能力。根灌法不会产生地面水层和引起土壤板结,包根用的有机质吸附层腐烂后,还能改良土壤性质。用根灌法抗旱施肥,水肥大部聚集在地下吸附层内。这样,一方面水分很少向下渗透,盐分引不上来,避免了次生盐碱化;另一方面,种植区的土壤表面经常处于干燥缺肥状态,因而杂草少,作物根系亦不会浮生。另外,设计的"包根区",实际上是对植物生长至关重要的部分"土壤"进行了人为的改良,即用具有团粒结构作用的吸附物质取代那里的劣质土壤,达到湿润而疏松。根灌孔还提供了良好的通气条件,能促进根系的新陈代谢和发展,亦有利于那里微生物的活动,使有机肥腐熟充分,易被吸收利用。由于土壤肥力的提高,植物根系的发达,不但增强了作物的抗逆(旱、热、冻、涝、暴)能力,而且有利于次年的生长发育。

其五,防治植物病虫害。将一定浓度(0.1%~0.5%)适当剂量的农药灌入包根区,不但农药溢散流失很少,而且能有效地防治危害植物的病虫害。食用作物施药,同样要注意安全期(药物残效期)。

其六,适用范围广,经济意义大。对于浙赣(红)黄壤丘陵、西北黄土高原以及保水能力差的沙荒地上的各种树木和旱地作物,如桑、油茶、茶叶、杉木、果树及棉花、小麦、玉米、高粱、黍、薯、甘蔗、蔬菜、瓜类等,都可用根灌法来抗旱施肥,夺取丰产。在气候干旱、土壤瘠薄的地区,效果尤为显著。因此,对于我国旱地作物的抗旱施肥增产,是一项多快好省的措施。

其七,能土法上马,易于推广。根灌法方法简单,若与施有机肥(栏粪、绿肥)结合进行,劳力、材料更为节省。另外,包根所用的吸附材料,除杂草、栏粪、绿肥外,树叶、秸秆、垃圾、煤灰、腐熟后的木屑、刨花等均可因地制宜地选用。根灌法的肥源很广,除化肥、稀氨水外,腐熟过的人、畜尿及去渣粪便液等一切液体肥料都可选用。

其八,根灌还基于作物非充分灌溉的理论。采用部分湿润作物根区土壤的技术,人为地让部分根系区的土壤短期内缺水干旱,使作物产生干旱胁迫信号"脱落酸",传送到叶面,使叶面气孔微闭,从而减少植物的奢侈蒸腾,且不影响叶面吸收二氧化碳供光合作用之需求,而由另一部分经灌溉后的湿润区内的根系吸收水分供作物地上部分的需要,实现不牺牲植物光合产物积累而大量节水的目的。

其九,由于根系的趋水、趋肥性,而包根区正是贮存水肥的地方,故包根处理后不久,在包根区的吸附物质里开始长入根系,最后形成麻布根,其本身就形成了活的吸附物质。

其十,由于根灌不需要滴灌那样的滴头,故不存在堵塞的问题,也可避免表层土壤因长期滴灌(水)受到侵蚀、破坏团粒结构和降低肥力。根灌是将水直接灌入地下,不像滴灌将水灌在地表,因此水分不容易蒸发。对于大棚作物采用根灌,可比滴灌的湿度降低10%左右,从而可使病虫害损失减少10%~30%。根灌内涵丰富,对作物无任何副作物,构成了可持续发展的良性循环栽培新体系。

二、用根灌法防治植物病虫害

(一)用根灌法防治树木病虫害

园林树木年年发生蚜虫、介壳虫、红蜘蛛、木虱等害虫。由于树木高大,一般喷雾器射程喷不到,加上此类害虫繁殖力强,往往造成早期落叶,影响生长。近年来,采用先进的根灌法,杀虫效果达95%以上。所用农药为40%乐果乳油、40%乙酰甲胺磷等内吸性农药,用有效浓度为500毫克/升(0.05%)液灌注,对城市内20多种行道树、庭院树均无药害。

根灌方法:胸径20厘米的行道树,在根部周围挖一直径1.2米、宽20~25厘米的坑,深35厘米以上,应达到第一层侧根,能容200升药液。然后将药液倒入坑内,待药液渗下再将坑封好。为了安全,以在夜间灌注、白天封坑为妥。挖坑规格及药量参考数据见表3-5。

表3-5 包根区坑的大小及药液用量

树胸径 (厘米)	树冠投影下的坑大小		药液量 (升)
	坑宽(厘米)	坑深(厘米)	
5~10	20	20	60
10~15	25	20	80

续表 3-5

树胸径 (厘米)	树冠投影下的坑大小		药液量 (升)
	坑宽(厘米)	坑深(厘米)	
15~20	25~30	20~25	100~200
20以上	30以上	25~30	250以上

注：1. 若发现叶子灼伤即有药害，则药物浓度减为 500 毫克/升 × 0.618；2. 若防治病虫害效果不理想，在不发生药害的前提下，药物浓度可提高到 500 毫克/升 × 1.618

在没有药害及防治效果较好的前提下，内吸性农药可以将灌注药物的浓度加倍，则灌注药液量应减半。一般以 1 000~1 500 毫克/升为宜。

防治地下病虫害，宜用非内吸性农药，药液灌注浓度为 1 000 毫克/升，灌注量仍如表 3-5 所示。若地下害虫只是局部为害，那就在受害处挖坑，将药液灌满该坑即可。

(二)用根灌法防治大棚瓜菜线虫病

大棚瓜菜在连年种植几年后，根基(结)线虫病泛滥，很难防治，通过"底膜覆盖"的根灌技术可以有效防治(图 3-2)。

设施和无土栽培基质的制作方法见第二章第四部分。瓜菜、豆类等苗，种在根灌沟两侧、离根灌沟约 5~10 厘米的地方。种瓜菜、豆类等苗前，先挖个穴，穴内充分灌注水，再把苗种下。浇定根水。

等一年瓜菜种完了，可以把布上面的无土栽培基质经过燃烧变成磷、钾肥，再重复使用。

水分或液态肥料可通过根灌孔施入。液态肥料有液氨(1:10~20 对水根灌，最好看使用说明)、腐熟过的人粪尿(1:4~10 对水根灌)、草木灰浸出液等。

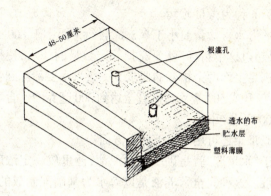

图 3-2 可避免根基线虫病根灌方法

三、苦(海)水根灌

在季节性干旱地区,有些植物可以用苦(海)水进行灌溉。在干旱季节用苦水根灌会导致土壤盐碱化,但对茄科植物、甜瓜、棉花及某些牧草(如串叶草)能够适应生长,一到雨季,倾盆大雨,会把土壤中的盐分冲洗掉(约占降水量的 80% 的水分下渗为地下水)。苦水是指盐碱地区的浅层地下水。

(一)海水根灌

不同地区的海水成分是不一样的,因此要进行化验,根据化验结果和植物的需要,缺什么元素就补什么元素。海水中常见的矿质元素有氢(H)、硼(B)、碳(C)、氮(N)、氧(O)、钠(Na)、镁(Mg)、铝(Al)、硅(Si)、磷(P)、硫(S)、氯(Cl)、钾(K)、钙(Ca)、锰(Mn)、铁(Fe)、钴(Co)、镍(Ni)、铜(Cu)、硒(Se)、钼(Mo)、碘(I)、金(Au)、汞(Hg)、铀(u)等。植物生长所必需的元素有 16 种:碳、氢、氧、氯、氮、磷、钾、钙、镁、硫、铁、硼、锰、锌、铜、钼。后6种为微量元素。

灌溉用的海水含盐量要小于0.3%,含氯量要小于800毫克/升。如果超过这个指标,就要充加一定数量的淡水,使稀释后的海水满足上面两个指标的要求。一般海水要稀释到含盐量400毫克/升或500毫克/升,直至达到300毫克/升,含氯量为150~800毫克/升。

海水灌溉瓜菜还可用于以下两个方面:

一是用于"水培"。就是砌一个水泥池,池里放一定浓度的完全营养液。这种完全营养液是以海水为基础配制成的。营养液要流动,以增加水中的含氧量,使根系不死;另外,营养液中要不断补充因植物生长所消耗的营养,以供应植物正常生长。用泡沫塑料板漂浮在营养液上,泡沫塑料板上隔一定距离有一个适当直径的小孔,用于固定水培的瓜菜。这样,使根系浸在营养液中,茎叶部分则裸露在上面的空气中。水培的营养液要根据植物的不同生长阶段调整其中的营养配比,因此,种一种瓜菜需要几个池。有的池是栽培幼苗用的,当幼苗长到具有几片真叶的时候就要换一个池,栽培密度也要变小。但进入生殖生长阶段后,最好再换一个池,有利于提高产量。

水培一般都在室内进行,需要一系列的相应设备,比较自动化,是无土栽培的一种,也是现在无公害绿色瓜菜的主要生产方式。是一种植物(农业)工厂化的措施。而植物工厂化是笔者1963年率先提出来的。

二是根灌也可用一定浓度的海水来灌溉。因为根灌相对在较小的根系区域内保持湿润,因此盐分能被稀释,并处于溶解状态,这就使得植物能在这种土壤中生长得很好。虽然水的含盐量比较高,由于沥滤的结果,在根灌区域及土壤下层会积累起一点盐分,但在降水充沛或降水比较正常的地区,这些盐分会被雨水带走;在降水不足的地区则需要一种轻便的灌溉系统,把盐分在下一个栽培季节使用根灌之前滤走。根灌适用于大棚瓜菜及露地瓜菜。

(二)海水的比重与盐度对应值

海水的比重譬如讲是 1.0229 克/厘米^3(17.5℃),由表 3-6 查到含盐量是 2.997‰,这样的海水要用于根灌,必须对 10 倍的淡水,使含盐量降低到 0.3‰以下。

表 3-6 海水比重与盐度互查表

比重 (t=17.5℃)	盐度 (‰)	比重 (t=17.5℃)	盐度 (‰)	比重 (t=17.5℃)	盐度 (‰)
1.0015	2.00	1.0141	18.44	1.0239	31.26
1.0016	2.03	1.0152	19.89	1.0244	31.98
1.0020	2.56	1.0160	20.97	1.0250	32.74
1.0030	3.87	1.0171	22.41	1.0254	33.26
1.0040	5.17	1.0182	23.86	1.0260	34.04
1.0050	6.49	1.0185	24.22	1.0265	34.70
1.0060	7.79	1.0195	25.48	1.0271	35.35
1.0070	9.11	1.0200	26.20	1.0280	36.65
1.0080	10.42	1.0211	27.65	1.0285	37.30
1.0090	12.73	1.0215	28.19	1.0290	37.95
1.0100	12.85	1.0222	29.09	1.0295	38.60
1.0115	15.01	1.0229	29.97	1.0305	39.90
1.0130	17.00	1.0235	30.72	1.0315	41.20

也可由下式求得近似值。

被测水温超过 17.5℃时：
$$S(‰) = 1305(比重 - 1) + 0.3(t - 17.5) \quad (3.1)$$
被测水温低于 17.5℃时：
$$S(‰) = 1305(比重 - 1) - 0.2(17.5 - t) \quad (3.2)$$
重表波美度与比重换算公式：
$$比重 = 144.3/(144.3 - 波美度) \quad (3.3)$$

若比重 $d = 1$ 克/厘米^3，即纯水，含盐量为 0，波美度也为 0。

根灌用水的电导率（导纳）：水中的含盐量与电导率密切相关，而电导率与温度关系不大，因此可以用电导率来衡量根灌用水含盐量。据我们测定，以 5ds/m 左右（ds/m 即"分西门子/米"，"分"代表 10%）为宜，相当于含盐量 0.3% 左右。7~8ds/m 为含盐量 0.41%~0.47%，偏高了点。

(三)苦水根灌

苦水是盐碱地区的浅层地下水。苦水中含有较多的钙、镁离子。但根灌含盐量仍不能超过 0.3%。苦水根灌的指标类似于海水根灌。

四、节水花盆与垂直栽培植物技术
——"遍地孔根灌"应用实例

(一)节水花盆

1. 技术领域 本实用新型涉及一种栽培花卉植物的花盆。

2. 背景技术 在本实用新型做出之前,市场上出售的花盆都是在盆底上设置洞孔,其作用是排出多余的水和使土壤能够透气,但肥、水从此渗出不仅污染环境,而且造成浪费,肥水利用率低。

3. 发明内容 本实用新型的目的就在于克服上述缺陷,设计一种新型结构的花盆。

本实用新型的技术方案:节水花盆,有盆底、盆体,上面敞开。其主要技术特征在于盆底无洞孔,在盆体周边设置洞孔。

本实用新型的优点和效果在于:无肥、水渗出,不污染环境,省肥、省水,延长施肥、水时间间隔,提高了肥、水促进植物生长的效率,能促进花盆内植物生长并长得高大、茂盛;而其结构很简单,仍然便于运输。

4. 具体实施方式 如图3-3 所示,花盆具有盆底、盆体,上面敞开,盆体周边上设置洞孔。洞孔设置的最佳位置在盆体的中下部,洞孔个数可根据花盆大小而定。

植物在花盆内生长,加水、肥时,到盆底的水、肥因盆底上没有洞孔而不会渗出而污染环境;花盆内土壤通过盆体周边的洞孔透气,吐故纳新;花盆内的土壤更不会因为施肥、水而从盆体周边的洞孔溢出。这样,达到节水目的,并且由于所施肥、水正好在植物

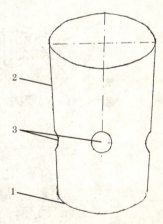

图 3-3 节水花盆结构原理示意
1. 盆底 2. 盆体 3. 盆孔

的根系部位,吸收利率高,从而使得植物生长更茂盛、高大。

具体应用实例如图3-4所示。花盆内放入珍珠岩、蛭石、泥炭、草炭、椰糠、煤球渣或其混合物,高度略低于花盆周边的洞孔,植物根系附在珍珠岩、蛭石等上面1~2厘米厚的土层上,在植物根系上加入泥土。在植物旁设置多功能孔即根灌孔,孔深直达植物根系,可以通过该孔加水、加肥及农药、植物生长调节剂等,还可起透气作用。花盆周边洞孔处于花盆高度的1/4~1/3处比较合适。多功能孔的数量依花盆大小而

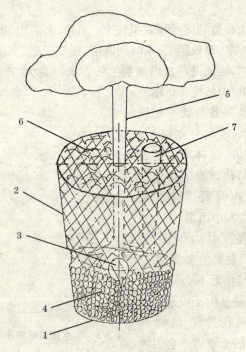

图3-4 节水花盆应用实例
1.盆底 2.盆体 3.盆体洞孔 4.填料 5.植物 6.泥土 7.多功能孔

定,较大的花盆可围绕植物设置 2~4 个。多功能孔的上端应略高出泥土表面。这样,本实用新型特别适合于根灌技术的应用。

5. 专利号 ZL02258290.8。

(二)垂直栽培植物技术——"遍地孔根灌"应用实例

垂直栽培植物,就是把植物栽培在与地面垂直的圆桶状泥土里,而不是栽培在水平的土地上。这种方法特别适用于移植栽培的农作物和盆栽植物。

具体做法如下:用陶土或硬塑料做一个直径 30~50 厘米、高 100~120 厘米的圆桶,上端敞开,下端有底,在圆桶壁上每隔 10 厘米开一个孔,桶内装入肥沃的混合泥土。再做一个直径 6~10 厘米的根灌孔,孔深入泥土中央至桶 2/3 处。根灌孔中塞满珍珠岩、蛭石或用根灌孔护套衬在里面,套壁打上孔,根灌孔为浇灌水肥之用(根灌孔护套壁上的小孔将水肥均匀地送入四周的泥土中)。见图 3-5。泥土要松软,使水分、空气和植物的根较易通过,还应含有植物生长不可缺少的微量元素和大中量元素,总营养量应保证一季作物生长之需。这样的泥土吸水和吸肥的能力强,能够保证植物获得充足的养分。

在作物可以移植时,就把它们从地里移植到桶壁的孔内,生根以后,靠近桶壁的茎慢慢长成"S"形弯曲状,植株成 45°角向上生长。弯曲部分逐渐变得粗壮、坚硬,支撑起整个植株。不久,紧靠弯曲部分的颈部,就会长出 1~3 个新枝,结出果实。

同一泥桶上可以栽种不同的植物,除块根植物和靠直接播种子种植的作物外,均可种植。这种栽培方法密度大、占地

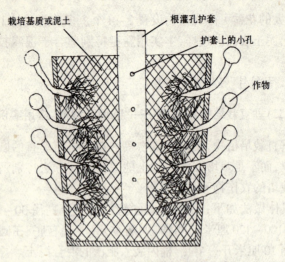

图 3-5 垂直栽培的圆桶剖面示意

少,与同样面积的平地相比,产量可高出 5~10 倍,还排除了杂草、寄生植物和各种有害病菌对作物的种种危害,减少了化肥和农药的用量,既经济实惠,又减少了环境污染,还能大量节省灌溉用水。由于作物密度大,土壤暴露面积小,水分不易蒸发,只要移植时浇足水,以后每周只要在每个泥桶中通过根灌孔加水 2 升即可。如作物生长期为 10 周,需 20 升水(相当于 16~20 毫米降水量),但它能起到的作用相当于一般土地接受 250~300 毫米的降水量。而且土壤不会盐碱化或者淤积。泥桶还具有良好的保温特性,可大大节约温室所耗燃料。

泥桶在自身范围内造成了优越的环境,弥补了自然条件的不足。众所周知,在温带及其以北地区,阳光不足给农作物生长带来很大影响。现在人们已能调节作物所需的养分、水分和温度,惟独对于阳光却无能为力,而阳光又是决定其他条件的首要因素。如果阳光同其他条件不相称,作物会变黄、变味、染病,土壤会酸化和滋生病菌。垂直栽培法解决了这个问题。泥桶上的作物既不会日照不足,也不会日照过强,生长得格外健壮。这是由于垂直栽培使土地同阳光的角度改变了90°,这样一年四季中阳光仿佛始终停留在相当于春末夏初的纬度上(图3-6)。冬季太阳光斜射北半球,日照减弱,而照在泥桶壁上的角度却反而增大,日照加强。当夏季太阳光直射北半球时,却只能斜射在桶壁上,缓和了强烈的日照。同样,在日照不足和日照强烈的不同地区,泥桶可以起到增强和缓和日照强度的调节作用。泥桶像个保温炉,它的温度比四周空气的温度高,底土较暖。夜晚,当温度下降时,它能把白天吸收的热量释放出来。总之,泥桶及其表面密植的作物调节了昼夜悬殊的温差,水分得到了有效的利用。

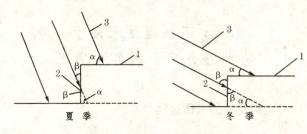

图3-6 垂直栽培与阳光关系

1. 水平面 2. 垂直面 3. 夏季气温很高,太阳入射角为钝角 α,转变为锐角 β 照射在垂直栽培的圆桶上,正好降低温度;冬季气温很低,太阳入射角为锐角 α,转变为钝角 β 照射在垂直栽培的圆桶上,正好升高温度

垂直栽培的这些优越性不仅给气候寒冷地区的农业带来了希望,也给酸性或半酸性土壤地区的粮食生产带来了福音。在酸性土壤地区,人们从远处运来好的泥土铺在酸性土上,或者就地改造酸性土壤来从事生产,而使用泥桶种植要经济得多。在不毛的石灰岩地区,在多雨或多风沙以及表土流失严

重的地区,垂直种植法具有更重大的意义。

此外,由于泥桶底土较暖,对无根扦插作物的栽培极为有利,虽然有 IBA 等生根剂,但底土温暖是插枝生根的关键。在温室中往往要给土壤加温和给空气降温,成本极高,而且经过加温的土壤真菌大量繁殖,容易生霉,辛苦培植的幼苗常常死亡。用泥桶培植扦插作物,这些问题都迎刃而解了。

这种方法也可用于家庭,占地不大,却能解决家庭冬季吃菜问题。它不仅对改善蔬菜供应有重大意义,对学校教学也是切实有益的。在泥桶上栽上一排排观赏植物,还能装饰居室,美化环境。

该"植物垂直栽培器"已申请了专利,欲开发此器者,请与笔者联系。

五、普通根灌技术用于大树移栽及古树名木护理

(一)大树移栽的操作过程

大树移栽全国普遍使用根灌技术,虽然侵犯我的专利权,但我不计较,因为我发明根灌技术,就是要在全国范围内推广应用。

大树移栽的操作技术见图 3-7。其要点如下:

① 造浆渗缝,接通土壤毛管。

② 改良土壤以微酸性基质为立地条件,促进复壮。一是增加土壤有机质以改良土壤,用专配微酸性的营养土与当地园土(熟土)1:2 混合,使得 pH 值为 6.5 左右;二是掘树坛坑要有一定的深度,足够容纳大树的土坨(墩);三是用生理酸

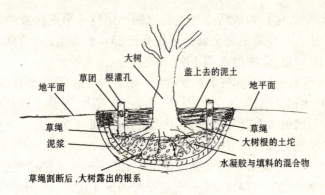

图 3-7 根灌法用于大树移栽示意

性物质降低坑底、坑壁回填土的 pH 值,引根向深、广发展;四是添加所缺乏的微量元素,并增施磷肥,促进复壮。

③填料为珍珠岩、蛭石、泥炭及其混合物。

④喷涂吲哚丁酸或生根粉(ABT)溶液,促进新根生长和伤口愈合。它们的用法见产品说明书。

⑤埋根灌孔即施水、施肥与通气的通道。大树根基土壤紧实,表土施肥无效,有时反因表土吸附,浓度过高,不利于新根生长。树坛开沟施肥,因伤根也不合适。树坛预埋根灌孔(长度应到根基,可用打通节的竹筒或直径在 8 厘米以上有一定硬度的 PVC 塑料管代用),便于庭园树管理。在根灌孔中灌注完全营养液,控制树冠的长势。

⑥定植时拆除捆绑树根土坨的草绳,消除隔水层,捣造泥浆,使泥浆渗入填土与树根土坨间隙,接通土壤毛管,使养分不断地供给树根土坨供树根吸收。四周填土压实后,灌足水。

⑦喷注营养液,补充移栽树的当年消耗养分。移栽大树当年萌发,主要是消耗前一年体内所积养分,若伤根部,当年吸收的水分和养分跟不上供应而耗尽,移植后第二年即枯死,

是影响大树移栽成活率的主要原因。用树木吊瓶输液的方法,注入一定量的完全营养液或喷施15~30毫克/升的微量元素络(螯)合物肥,2周1次,补充养分。

⑧减少叶面和树干水分蒸发。结合树木造型,重整枝,减少叶面积;搭遮阳篷,减少蒸腾;主干捆绑草绳,草绳干后及时喷湿,增加树皮吸水,降低树干温度;晴天每日9时后在叶片正、反面喷水。

⑨适时灌水。从根灌孔灌足水,促使新根向深处发展。视干旱情况,每隔3~4天或更长时间灌1次水。灌水时带0.3%的全营养液更好。

⑩配合其他措施。如树皮损伤,在损伤处喷涂多菌灵,防真菌繁殖。用支架固定主干,防风摇树干而损伤新根。

(二)大树移栽与古树名木护理专用营养液

1. 专用大中量元素 A_1 配方 磷酸二氢钾 191.68 毫克,七水硫酸镁 15.3728 毫克,硝酸钾 179.65 毫克,硝酸铵 286.189 毫克,四水硝酸钙 211.144 毫克,以上总量为 884.04 毫克。

2. 专用微量元素 B_1 配方 $EDTANa_2Fe \cdot 2H_2O$ 29.38 毫克,四水硫酸锰 2.0276 毫克,七水硫酸锌 2.19684 毫克,五水硫酸铜 0.49116 毫克,硼酸 5.7405 毫克,钼酸铵 0.18382 毫克,以上总量为 40.01992 毫克。

3. 专用大中量元素 A_2 配方 见表3-7。

表3-7 专用大中量元素 A_2 配方 (单位:克)

序号	成分名称	规定量	定容至1000毫升	定容至500毫升
1	KNO_3	1.9	19	9.5
2	NH_4NO_3	1.65	16.5	8.25
3	$MgSO_4 \cdot 7H_2O$	0.37	3.7	1.85
4	$CaCl_2$	0.332	3.32	1.66
合 计		4.252	42.52	21.26

注:$CaCl_2$ 可用 $CaCl_2 \cdot 2H_2O$ 代替,其规定量为0.44克,定容至1000毫升用量为4.4克,定容至500毫升用量为2.2克

4. 专用微量元素 B_2 配方　见表3-8。

表3-8 专用微量元素 B_2 配方

序号	成分名称	规定量 (毫克)	定容至1000毫升 (克)	定容至500毫升 (克)
1	$MnSO_4 \cdot 4H_2O$	22.3	2.23	1.115
2	$ZnSO_4 \cdot 7H_2O$	8.6	0.86	0.43
3	H_3BO_3	6.2	0.62	0.31
4	$Na_2MoO_4 \cdot 2H_2O$	0.25	0.025	0.0125
5	$CuSO_4 \cdot 5H_2O$	0.025	0.0025	0.0013
6	KI	0.83	0.083	0.0415
7	$CoCl_2 \cdot 6H_2O$	0.025	0.0025	0.0013
8	$EDTANa_2Fe \cdot 2H_2O$	30.0	3.0	1.5
总 量		68.23	6.823	3.4116

5. 专用维生素与氨基酸的 C 配方　见表3-9。

表 3-9　维生素与氨基酸的 C 配方　（单位：毫克）

成　分	规定量	50 毫升
甘氨酸	2.0	10
盐酸吡哆醇（维生素 B_6）	0.5	2.5
盐酸硫胺素（维生素 B_1）	0.1	0.5
烟酸	0.5	2.5
肌　醇	100	500

维生素与氨基酸的溶解方法：以烟酸为例加以说明。

取 20 毫克烟酸，加双蒸水至 20 毫升即得烟酸溶液 20 毫升，含量为 1 毫克/毫升。

盐酸硫胺素、盐酸吡哆醇及甘氨酸的溶解方法同上。用时用移液管量取相应体积含 1 毫克/毫升量药物。

6. 专用植物生长调节剂配方

(1) 古树名木专用 D_1 配方　6-苄腺嘌呤 4 毫克，激动素 0.8 毫克，吲哚丁酸 0.1 毫克，萘乙酸 0.1 毫克。此方以促发芽为主，促生根为次。

(2) 大树移栽专用 D_2 配方　吲哚丁酸 0.6 毫克，萘乙酸 0.2 毫克，6-苄腺嘌呤 0.2 毫克。此方以促生根为主，兼顾促发芽。

(3) 植物生长调节剂的溶解方法

①生长素的溶解方法：

取吲哚丁酸 50 毫克用 10 毫升 95% 酒精溶化 $\xrightarrow{双蒸水}$ 定容至 50 毫升，即 1 毫克/毫升。

取萘乙酸 50 毫克用 10 毫升 95% 酒精溶化 $\xrightarrow{双蒸水}$ 定容至 50 毫升，即 1 毫克/毫升。

②分裂素的溶解方法:

6-苄腺嘌呤 50 毫克 + 10 毫升 1 摩尔盐酸 $\xrightarrow{双蒸水}$ 定容至 50 毫升,即 1 毫克/毫升。

激动素 50 毫克 + 10 毫升 1 摩尔盐酸(3%左右稀盐酸) $\xrightarrow{双蒸水}$ 定容至 50 毫升,即 1 毫克/毫升。

我们定容到 50 毫升的目的,就是为了取用药物方便。如果没有浓度 95%的酒精,用 60°以上的烧酒溶化吲哚丁酸、萘乙酸也可。

(4)植物生长调节剂名称对照 见表 3-10。

表 3-10 植物生长调节剂名称对照

常用名称	萘乙酸	吲哚丁酸	6-苄腺嘌呤	激动素
其他名称	α-萘乙酸、NAA	IBA	6-苄基腺嘌呤 6-BA、绿丹	KT、动力精、 6-糠基腺嘌呤

(三)根灌技术在大树移栽与古树名木护理上的应用

见表 3-11。

表 3-11 大树移栽与古树名木护理根灌液浓度 (单位:毫克/升)

配方	大树移栽			古树名木护理		
	极名贵树种	名贵树种	普通树种	极名贵树种	名贵树种	普通树种
A_1				600	650~700	800~900
A_2	350	350~400	400~450			
B_1				100	100~150	100~200
B_2	75~100	75~125	100~200			
C	25			25~50		

续表 3-11

配方	大树移栽			古树名木护理		
	极名贵树种	名贵树种	普通树种	极名贵树种	名贵树种	普通树种
D_1				50~100	50~100	
D_2	25~50	25~50				
总浓度	500	500	600	800	850~950	1000

注：按树种不同，每月经根灌孔灌施上述营养液1~3次。C_3 植物需水肥比较多，可以灌的勤一些；C_4 植物耐旱耐肥性较强，每月灌的次数可以少一些；C_3 至 C_4 中间型植物，灌水肥的次数可以适中；GAM 植物，可以一个月甚至一个月以上灌一次水肥。经根灌孔灌水肥的时候，以灌满灌足为止

凡是"普通根灌技术"能够应用的范围，都适用于"带根灌剂的根灌技术"，即"带根灌剂的根灌技术"的应用范围包含了"普通根灌技术"的应用范围。

凡是"普通根灌技术"具有的优点，在"带根灌剂的根灌技术"上都具有。

六、根灌施肥方法

这里所介绍施肥方法仅供读者参考，读者可以根据自己的经验与习惯来施肥。但根灌技术的要点是设置包根区，并一定要设置根灌孔。根灌孔相当于人的嘴巴与肾——吐故纳新，包根区好似人的胃、肠等消化吸收系统。

(一)果树根灌施肥方法

1. 尚未开花结果的幼树根灌施肥方法 见表 3-12。

表 3-12　尚未开花结果的幼树根灌施肥方法

项目	根灌时间	肥料品种、用量与施用次数	灌水量及灌水次数
北方果树（结冰地区）	从春季土壤解冻时开始，一直到冬季结冰前1个月结束	经根灌孔灌施0.15%磷酸氢二铵（磷酸二铵）或尿素，加0.15%磷酸二氢钾，每公顷施30千克（1/2磷酸氢二铵或尿素，1/2磷酸二氢钾），对水10米^3，平均灌施到1公顷田的根灌孔里（比如1公顷有1500个根灌孔，则每个根灌孔灌施肥量为30千克÷1500＝20克，相当于0.3%溶液6.67升），每月灌施1～2次。每年春季施第一、二次肥的时候，要灌施完全营养液30升，在冬季结冰之前1个月左右最好再灌一次完全营养液，并灌足水。完全营养液的浓度为0.3%～0.4%，其中微量元素的浓度为0.01%～0.05%。藤蔓类果树如葡萄，其基肥要多施钾肥，如草木灰、硫酸钾等	在干旱季节要及时经根灌孔灌水，到根灌孔不能再吸水即水分溢出根灌孔为止，这样每个月灌水1～4次。灌的次数越多越省水。譬如，大棚葡萄或樱桃每个月灌4次水，每667米^{2}需水量为8～12米^3，如果每个月灌水1次，至少要20～30米^3。露地果树在雨季可以不灌水或少灌水
南方果树（不结冰地区）	每年春季设置包根区与根灌孔，可以终年搞根灌，但第二年春季要重新设置包根区与根灌孔，如此重复进行到幼树变为成年果树为止		

2. 成年果树根灌施肥方法　见表3-13。

表 3-13 成年果树根灌施肥方法

项目	根灌时间	肥料品种、用量与施用次数				灌水量及灌水次数
		开花前	开花结果后	果实膨大期	果后肥	
北方果树（结冰地区）	从春季土壤解冻时开始，一直到冬季冰前1个月结束	每公顷经根灌孔灌施化肥30千克（1/3尿素或硝酸铵，加2/3磷酸二氢钾或磷酸氢二钾），对水10米³，配成0.3%浓度的追肥溶液，平均灌施到1公顷田的根灌孔里	每公顷经根灌孔灌施化肥30千克（2/3尿素或硝酸铵，加1/3磷酸二氢钾或磷酸氢二钾），对水10米³，配成0.3%浓度的追肥溶液，平均灌施到1公顷田的根灌孔里。上述肥料每月灌施1~2次	果实膨大期的一个月，每公顷经根灌孔灌施30千克磷酸二氢钾，或15千克尿素加15千克磷酸二氢钾，对水10米³，配成一定浓度的追肥溶液，平均灌施到1公顷田的根灌孔里。上述肥料每个月灌施2~4次，即每隔1~2周施1次。灌施次数视果树产量与耐肥性而定	成年果树在果实采摘后半个月，设置包根区和根灌孔，每公顷经根灌孔灌施完全营养液30千克，浓度为0.3%~0.4%，其中微量元素的浓度为0.01%~0.05%；或灌施浓度为0.2%的氮肥加0.2%的磷钾肥30千克。氮、磷、钾肥的选择可参考表4-1。对于北方冬季结冰的地区同时要经根灌孔灌水——见到根灌孔里不能再吸水即水分溢出来为止，这是果树越冬的水，第二年春季土壤解冻时再开始灌施水肥，并要适当修枝	在干旱季节要及时经根灌孔灌水，到根灌孔不能再吸水即水溢出根灌孔为止。这样每个月灌水1~4次。灌的次数越多越省水。花蕾形成后到扬花，可以少灌水，宜偏干旱一些，有利于扬花，不致落花太多。在果实膨大期，每7~10天要经根灌孔灌足水分，每次每公顷灌水60~90米³。露地果树在雨季可以不灌水或少灌水。大棚果树（葡萄、樱桃例外）当作干旱季节处理。果实结成绿豆大小的时候，即要用药治虫才能保果
南方果树（不结冰地区）	每年春季设置包根区与根灌孔，可以终年搞根灌，但第二年春重新设置包根区与根灌孔	上述肥料每月灌施1~2次。最好要灌一次完全营养液。完全营养液根据树的性质来选择（见表4-1，表4-2）				

（二）一年生作物根灌施肥方法

1. 结子实的一年生非根瘤菌型作物的根灌施肥方法见表 3-14。

表 3-14　结子实的一年生非根瘤菌型作物根灌施肥方法

项目	根灌时间	肥料品种、用量与施用次数				灌水量及灌水次数
		口肥	开花前	开花结果后	果实膨大期	
露地一年生作物	一年生作物在种植之前，根据作物情况设置包根区与根灌孔，到作物收割的时候结束根灌。下一茬要重新设置包根区与根灌孔，再进行根灌	每公顷经根灌孔灌施完全营养液30千克，浓度为0.3%～0.4%，其中微量元素的浓度为0.01%～0.05%，可根据作物的性质来选择完全营养液，见表4-1与表4-2。或灌施浓度为0.2%的氮肥加0.2%的磷钾肥30千克，氮、磷、钾肥的选择可参考表4-1	每公顷经根灌孔灌施化肥30千克（1/3尿素或硝酸铵，加2/3磷酸二氢钾或磷酸氢二钾），对水10米³，配成0.3%浓度的追肥溶液，平均灌施到1公顷田的根灌孔里。上述肥料每月灌施1～2次。	每公顷经根灌孔灌施化肥30千克（2/3尿素或硝酸铵，加1/3磷酸二氢钾或磷酸氢二钾），对水10米³，配成0.3%浓度的追肥溶液，平均灌施到1公顷田的根灌孔里。上述肥料每月灌施1～2次。施肥次数视作物耐肥性而定	果实膨大期的一个月，每公顷经根灌孔灌施30千克磷酸二氢铵或15千克尿素加15千克磷酸二氢钾，对水10米³，配成一定浓度的追肥溶液，平均灌施到1公顷田的根灌孔里。上述肥料每个月灌施2～3次。视作物产量决定灌施次数，其中一次追肥要灌完全营养液（根据作物的性质来选择完全营养液）	在干旱季节要及时经灌孔灌施水分，到根灌孔不能再吸水即水分溢出根灌孔为止，这样每个月灌水1～4次。灌的次数越多越省水。花蕾形成后到扬花，可以少灌水，宜偏干旱一些，有利于扬花，不致落花太多。在果实膨大期，每7～10天要经根灌孔灌足水分，每次每公顷灌水60～90米³。露地作物在雨季可以不灌水或少灌水。大棚作物（番茄、黄瓜例外）当作干旱季节处理
大棚一年生作物	大棚架好的时候，根据作物情况，在作物种植之前，设置包根区与根灌孔，直到作物收割的时候，结束这一茬的根灌。下一茬最好重新设置包根区与根灌孔。有时为了经济起见，可以在原来的包根区与根灌孔的基础上再种一茬，但最多种两茬为止，以后在种植作物之前，必须重新设置包根区与根灌孔					

注：藤蔓类一年生植物如瓜类等，其基肥要多施钾肥，如草木灰、硫酸钾等

2. 结子实的一年生根瘤菌型作物根灌施肥方法　同表3-14。但其中所施肥料品种比例应做如下调整：开花前施肥调整为1/4尿素或硝酸铵，加3/4磷酸二氢钾或磷酸氢二钾；

开花结果后施肥调整为 1/3 尿素或硝酸铵,加 2/3 磷酸二氢钾或磷酸氢二钾;果实膨大期施肥调整为每公顷灌施 22.5 千克磷酸二氢铵或 11.25 千克尿素,加 22.5 千克磷酸二氢钾。

(三)产叶作物根灌施肥方法

对于以叶为主要经济产物的作物,如桑、茶、烟草、叶类蔬菜及牧草等,大多数忌含氯元素的化肥,因为氯元素会导致叶的质量变差或口味变坏,对于一年生的产叶作物,我们分为幼苗期与成熟期两个阶段,包根区与根灌孔的设置同表 3-14。对于多年生的产叶作物,我们分为春季与夏秋季两个阶段,包根区与根灌孔的设置同表 3-13。

产叶作物又分为非根瘤型与根瘤菌型(如某些牧草)。对于产叶作物来说,对氮肥的需求量往往大于对磷、钾肥的需求量。对非根瘤菌型的产叶作物,幼苗期(春季)阶段施肥就如同表 3-14 的"口肥"一样,成熟期(夏秋季)阶段施肥就如同表 3-14 的"开花结果后"的施肥情况一样。对根瘤菌型产叶作物,幼苗期(春季)阶段施肥就如同表 3-13 的"开花前"的施肥情况一样,成熟期(夏秋季)阶段施肥,经根灌孔灌施 0.15% 磷酸氢二铵(磷酸二铵)或尿素加 0.15% 磷酸氢二钾,每公顷施 30 千克(1/2 磷酸氢二铵或尿素,1/2 磷酸二氢钾),对水 10 米^3,平均灌施到 1 公顷田的根灌孔里。

产叶类作物的灌施水分情况同表 3-12。

(四)根灌施肥法实例

1. 露地瓜菜根灌施肥实例　每 667 米^2 施猪、牛、人粪 1 500 千克,碳酸氢铵或(和)过磷酸钙 25 千克,尿素 20 千克,硫酸钾 15 千克,磷酸二氢铵 12 千克。尿素、硫酸钾、磷酸二氢铵等追肥都要通过根灌孔施入。需要注意的是：碳酸氢铵要放在根灌剂水凝胶的下面；过磷酸钙只适用于普通根灌，即不用根灌剂的根灌；用过磷酸钙时，要放在碳酸氢铵下面一层更好。

干旱季节，每 7~10 天灌一次水，每次每 667 米^2 经根灌孔灌水 4~6 米^3。串叶草是牧草，可以在盐碱地生长。

种植方式是：宽窄行模式，即畦（垄）宽 1.067 米，窄行 0.4 米，株距 0.267 米，每 667 米^2 3 000 株。整地、播种、施肥、防治病虫害、田间管理分别在同一天完成。

2. 大棚瓜菜根灌施肥实例

(1) 大棚瓜菜根灌施水施肥方法　根灌每周经根灌孔浇水 1 次，每次 5 升/米^2，一个月 20 升/米^2，相当于每月每 667 米^2 灌水 13.34 米^3。

每 667 米^2 施厩肥（如发酵后的猪栏粪）1 500 千克。根灌沟长 1 米，放草（秸秆）1~2 千克，每 667 米^2 田放 500~1 000 千克。

每 667 米^2 施碳酸氢铵 25 千克，尿素 20 千克，钾肥（硫酸钾）15 千克，磷酸二氢铵 12 千克。尿素、钾肥及磷酸二氢铵等追肥都要通过根灌孔施入。

第一次浇水，在缓苗后立即浇足：9 升/米^2，严格浇入根灌孔中。根灌孔孔距 1.5 米。一粪桶水约 20 升，放入 20 克肥料，浓度约 0.1%。

(2) 土壤处理　苗床可用 3% 米乐尔颗粒剂，每平方米用药量 8~10 克，混干细土均匀沟施后，覆 1 厘米左右厚细土。

3. 串叶草根灌实例　每 667 米^2 施厩肥（栏粪）8~10 米^3，磷酸二氢铵、硫酸钾各 12~15 千克，经根灌孔灌施入。

干旱季节，每 7~10 天灌一次水，每次每 667 米^2 经根灌孔灌水 4~6 米³。串叶草是牧草,可以在盐碱地生长。

种植方式:垄宽 0.7 米,沟宽 0.3 米(人行道),垄上设置包根区(根灌沟),根灌沟宽 25~30 厘米、深 30 厘米。在根灌沟两侧距离根灌沟边缘 8 厘米左右种植串叶草,株距 33.33 厘米,每 667 米² 4 000 株。

4. 沙棘根灌施肥实例 栽植密度按每 667 米² 250 株。栽植时每株挖 1 个树坑,大小为 0.3 米×0.3 米×0.3 米,同时放入根灌剂及有机肥,将苗栽下。每 667 米² 追肥(以磷肥为主)50 千克(每株 200 克),经根灌孔灌施入。

干旱季节,每 7~10 天灌一次水,每次每 667 米² 经根灌孔灌水 4~6 米³。沙棘是经济果林,又是治理戈壁沙漠及盐碱的有力武器。

5. 苹果根灌实例

(1)苹果根灌施肥方法 幼树一般每 667 米² 施土杂肥 2 500 千克左右,混加 20 千克尿素、80~100 千克过磷酸钙或 20 千克磷酸二铵;5 年生以上的树苗施 4 000~5 000 千克土杂肥,混 40~50 千克尿素、100~150 千克过磷酸钙或 40~50 千克磷酸二铵,并混施铁、锌等微量元素,株施 0.1~0.2 千克。结果后,施肥量为氮 20~30 千克、磷 30~40 千克、钾 20~30 千克,或果树专用肥每株 3~4 千克。

(2)苹果根灌施水方法 发芽前果树需要大量水,每隔 7~10 天每个根灌孔浇足水(浇灌孔里的水不再吸下为止),花期前后一般不浇水。果实膨大期,对水需求量增加,每隔 7~10 天每个根灌孔浇足水。根灌追肥的浓度为 0.3%~0.4%,由根灌孔施入。

(3)苹果根灌种植方式 种植密度多为 3 米×4 米或 4 米×5 米,一般挖深宽各为 50~60 厘米的对称根灌沟 2 条,根灌沟上层覆草厚度为 15~20 厘米,每 667 米^2 用麦秸(草)1 000 千克左右。覆草时浇透水,然后覆土留根灌孔。

6. 竹林根灌实例 竹林可用成片包根。除施惯用基肥外,氮、钾肥每 667 米^2 2 千克对水 666.67 升,配成 0.3% 浓度的溶液,平均灌施到 667 米^2 竹林的根灌孔中,休笋期每月至少灌施 1 次,最好带少量的赤霉素(九二〇)。对于竹林,氮肥(尿素、硫酸铵、硝酸铵)施得越多发笋越多,钾肥(硫酸钾、氯化钾)有利于长竹、鞭。竹忌磷肥,因磷肥会促使竹子性成熟而开花,竹子一开花就意味着成片竹子死亡。

第四章　自配根灌营养液及二氧化碳缓释剂

一、大中量元素营养液配方、适用范围及注意事项

(一)大中量元素营养液配方

大中量元素营养液配方见表4-1。

(二)大中量元素营养液配方适用范围

配方1：适用于各种经济作物的广谱根灌(包根)追肥或叶面肥。

配方2：适用于叶菜类根灌专用基肥。

配方3：适用于各种瓜菜的广谱根灌追肥或叶面肥。

配方4-1：适用于大棚温室蔬菜类的根灌基肥。

配方4-2：适用于大棚温室蔬菜类的追肥或叶面肥。

配方5-1：适用于大棚温室花卉的根灌追肥或叶面肥。

配方5-2：适用于大棚温室花卉的根灌基肥。

配方6-1：适用于南方的甜瓜根灌追肥与叶面肥。

配方6-2：适用于北方的甜瓜根灌追肥与叶面肥。

配方7：适用于大棚温室,促进作物光合作用,作广谱根灌追肥与叶面肥。

配方8：适用于西瓜早熟与特早熟栽培的根灌基肥。

配方9：适用于西瓜早熟与特早熟栽培的根灌追肥与叶

表 4-1 大中量元素营养液的配方 (单位:克)

配方编号		1	2	3	4-1	4-2	5-1	5-2	6-1	6-2	7	8	9	10-1	10-2
原料组成	尿素 CO(NH$_2$)$_2$ (46.6%N)	或19.62	或15.90	或40.79										67.17	或34.74
	过磷酸钙 Ca(H$_2$PO$_4$)·H$_2$O + CaSO$_4$ (16% P$_2$O$_5$, 15.7%CaO) (pH值3)		224.0		224.3	93.3		100						68.0	68.0
	硝酸铵 (NH$_4$)NO$_3$(35%N)		20.9	53.61	72.3		43.91	4.6	28.86	67.89					
	硝酸钾 KNO$_3$ (13.9%N, 46.6%K$_2$O)	89.25	219.54	220.11	257.5			70	521.3	327	331.52			38.93	15.56
	硫酸镁 MgSO$_4$·7H$_2$O(16.4%MgO)	275	275	275	274.4	274.4	264.5	57.3	451	349	440.00	300	300	80.0	80.0
	硝酸钙 Ca(NO$_3$)$_2$·4H$_2$O (11.86% N; 23.74% CaO)	480	330	480	330.3	481.4	713.6	87.41	905	689	1250.45	375	388		
	硫酸铵 (NH$_4$)$_2$SO$_4$ (21.2%N)	42.97						或7.67		或113.15				或147.1	76.11
	硫酸钾 K$_2$SO$_4$ (54.1%K$_2$O)					177.9	188.4		49	151	80.76	110	31.01		
	磷酸二氢钾 KH$_2$PO$_4$ (52.17% P$_2$O$_5$, 34.58%K$_2$O)	69.0		69.0		68.78	141.8		170.98	135.52	281.45		93.56		
总量		1056.22	1069.44	1097.72	1158.8	1095.8	1352.2	319.3	2126.14	1719.41	2384.18	885.0	812.57	254.1	239.6
氮磷钾比例	N	1	1	1	1	1	1	1	1	1	1	1	1	1	1
	P$_2$O$_5$	0.391	0.467	0.3394	0.359		0.740		0.471	0.4696	0.757	1.307	1.061	0.3	0.6
	K$_2$O	1.217	1.333	1.192	1.20		1.5095		1.735	1.866	1.523	1.293	1.068	0.5	0.4

续表 4-1

	配方编号	11-1	11-2	12	13	14-1	14-2	15	16-1	16-2	17-1	17-2	18	19	20-1	20-2
原料组成	尿素 CO(NH$_2$)$_2$(46.6%N)	或 35.36		416	319	或 196.0	或 317		或 4.0	或 108.2	或 97.0	或 83.52	151.6	243.5	或 229.6	350.78
	过磷酸钙 Ca(H$_2$PO$_4$)·H$_2$O + CaSO$_4$ (16% P$_2$O$_5$, 15.7%CaO) (pH值3)	68.0		1160	1160		1160	68.0		589		589		1160		1160
	硝酸铵 NH$_4$NO$_3$(35%N)		701	或 546.7	或 419.3	257.4	416.6				127.5	109.8		或 320.0	301.8	或 461.1
	硝酸钾 KNO$_3$ (13.9% N, 46.6% K$_2$O)	25.47		550	467	294	558			55		134	546.00	810	25.50	289.42
	硫酸镁 MgSO$_4$·7H$_2$O(16.4% MgO)	80.0	500	500	500	500	500	79.82	500	537	500	537	500	500	500	500
	硝酸钙 Ca(NO$_3$)$_2$·4H$_2$O (11.86% N, 23.74% CaO)		777	1		777			777		777		776.75		777	
	磷酸氢二铵 (NH$_4$)$_2$HPO$_4$ (21.21% N, 53.73% P$_2$O$_5$)								203.72							
	硫酸铵 (NH$_4$)$_2$SO$_4$ (21.2% N)	77.45	或 1168.3					18.19	6.72	237				或 533.33		或 768.38

续表 4-1

配方编号		11-1	11-2	12	13	14-1	14-2	15	16-1	16-2	17-1	17-2	18	19	20-1	20-2
原料组成	硫酸钾 K_2SO_4(54.1% K_2O)		146.9					10.5								
	磷酸二氢钾 KH_2PO_4(52.17% P_2O_5, 34.58% K_2O)		355.80			355.80			145.95		355.8		355.80		355.8	
	硝酸钠 $NaNO_3$(16.50% N, 27.1% Na)							113.0		76		76				
	碳酸钾 K_2CO_3(68.17% K_2O)							8.0								
总量		250.92	2480.7	2626	2446	2184.2	2634.6	297.51	1633.4	1494	1760.3	1445.8	2330.15	2713.5	1960.1	
氮磷钾比例	N	1	1	1	1	1	1	1	1	1	1	1	1	1	1	
	P_2O_5	0.55		0.695	0.879		0.833	0.485	1.357	1.357		1.357	0.842	0.842	0.922	
	K_2O	0.60		0.960	1.03	1.167	1.167	0.495	0.369		0.899		1.712	1.712	0.670	

注：总量中不包括"或"的成分

面肥。

配方 10-1：适用于南方粮食作物根灌基肥。

配方 10-2：适用于北方粮食作物根灌基肥。

配方 11-1：适用于西瓜根灌基肥。

配方 11-2：适用于西瓜根灌追肥与叶面肥。

配方 12：适用于北方果树特别是蔷薇科果树的根灌基肥。

配方 13：适用于南方果树特别是芸香科果树的根灌基肥。

配方 14-1：适用于西瓜、甜瓜的根灌追肥或叶面肥。

配方 14-2：适用于西瓜、甜瓜的根灌基肥。

配方 15：适用于花卉、蔬菜广谱的根灌基肥。

配方 16-1：适用于屋顶或离地栽培的果蔬追肥或叶面肥（这里屋顶种植及离地栽培的基质，以腐熟后的木屑为主）。

配方 16-2：适用于屋顶或离地栽培的果蔬基肥。

配方 17-1：适用于屋顶或离地栽培的块根、块茎作物的根灌追肥或叶面肥。

配方 17-2：适用于屋顶或离地栽培的块根、块茎作物的根灌基肥。

配方 18：适用于蔬菜育苗的根灌追肥和叶面肥。

配方 19：适用于蔬菜育苗的根灌基肥。

配方 20-1：适用于桑、茶的根灌追肥和叶面肥。

配方 20-2：适用于桑、茶的根灌基肥。

(三)大中量元素营养液使用注意事项

其一，上述配方均用煮沸的纯水，冷却到 50℃～60℃时溶解，定容至 2 000 毫升为止，作为母液，到根灌时再稀释到要求的有效浓度。

其二,凡是可用作根灌追肥或叶面肥的营养液配方,都可用作根灌基肥;反之,不适宜。

其三,大中量元素营养液用作根灌追肥和叶面肥时,它的有效浓度控制在 0.3%~0.4%之间,切莫超过 0.5%,否则对植物就有危害。

其四,上述配方中的大中量元素,用工业纯化学品即可。

二、微量元素营养液配方、适用范围及注意事项

(一)微量元素营养液配方

微量元素营养液配方见表 4-2。

(二)微量元素营养液配方适用范围与注意事项

其一,微量元素营养液配方编号与大中量元素营养液配方编号是相应配对的。例如,1 号微量元素营养液配方与 1 号大中量元素营养液配方是一对,2 号微量元素营养液配方与 2 号大中量元素营养液配方是一对……依次类推。如此,即配成完全营养液。这种营养液常作叶面肥。作叶面肥时最好要加入螯合剂、表面活性剂和黏附剂,重量比为 0.1%~5%,再按需要加适(少)量的植物生长调节剂,效果会更好。花卉营养液还可用小瓶包装(图 4-1)。

其二,我国北方土壤缺铁,因此 5 号微量元素营养液的配方更适用,凡是缺铁的地区都适用。南方用 6 号微量元素营养液的配方更适合。

其三,若要增加产品的甜味,可用 8 号、9 号、13 号、15 号、

表 4-2　微量元素营养液配方　（单位：毫克/升水）

配方	编号	1	2	3	4	5	6	7	8	9	10
螯合剂	Na$_2$-EDTA						18.6				
螯合铁	EDTANa$_2$Fe·2H$_2$O(13.04%Fe)			20.29	或41	或284.5					
螯合铁	Fe-EDTA(16.04%Fe)				37.06		或29.38	或32.16			20.0
硫酸亚铁 (pH值<6.5)	FeSO$_4$·7H$_2$O(20.1%Fe)	同7号配方	同5号配方	或15		159.94	13.9	20	40	40	
硼砂	Na$_2$B$_4$O$_7$·10H$_2$O(11.3%B)			或4.5	4.58	0.917	4.37	10	5.75	5.75	
硼酸	H$_3$BO$_3$(17.5%B)			3	或3		或2.86				3
原料组成	硫酸锰 MnSO$_4$·4H$_2$O(24.66%Mn)			2	2.24	0.886	2.13	6.59	20.13	20.13	2
	硫酸锌 ZnSO$_4$·7H$_2$O(22.76%Zn)			0.22	0.27	1.071	0.22	0.04	8.63	8.63	0.22
	硫酸铜 CuSO$_4$·5H$_2$O(25.45%Cu)			0.05	0.13	0.9385	0.08	0.04	0.1	0.1	0.05
	氯化亚锰 MnCl$_2$·4H$_2$O(27.78%Mn)			或1.8							
	钼酸铵 (NH$_4$)$_6$Mo$_7$O$_{24}$·4H$_2$O(54.3%Mo)			0.02	0.033	或0.6	0.02				
	钼酸钠 (Na)$_2$MoO$_4$·2H$_2$O(39.67%Mo)			或0.02		0.823	或0.027	0.1	3	3	3
	柠檬酸铁（络合铁）Fe(C$_6$H$_5$O$_7$)(11.22%Fe)							或35.83			
总量		36.77	164.58	25.58	44.31	164.58	39.32	36.77	77.61	77.61	28.27

续表 4-2

配方编号		11	12	13	14	15	16	17	18	19	20
	螯合铁 Fe-EDTA(16.04%Fe)	同7号配方			同3号配方	20.0	或25	同11号配方	40	40	
	硫酸亚铁 FeSO$_4$·7H$_2$O(20.1%Fe)(pH值<6.5)		60	30			15.6		或2.5	或2.5	20
原	硼砂 Na$_2$B$_4$O$_7$·10H$_2$O(11.3%B)								4.58	4.58	3.21
料	硼酸 H$_3$BO$_3$(17.5%B)		3	3			3.0		或3	或3	
组	硫酸锰 MnSO$_4$·4H$_2$O(24.66%Mn)		9	4.5		3	2.5		2	2	3
成	硫酸锌 ZnSO$_4$·7H$_2$O(22.76%Zn)		0.22	0.22		2	0.25		0.22	0.22	1.42
	硫酸铜 CuSO$_4$·5H$_2$O(25.45%Cu)		0.05	0.05		0.22	0.05		0.05	0.05	1.25
	钼酸铵 (NH$_4$)$_6$Mo$_7$O$_{24}$·4H$_2$O(54.3%Mo)					0.05	2.5		2.19	2.19	
	钼酸钠 (Na)$_2$MoO$_4$·2H$_2$O(39.67%Mo)		1.5	3		3			或3	或3	3
总 量		36.77	73.77	40.77	25.58	28.27	23.90	36.77	49.04	49.04	31.88

注：总量中不包括"或"的成分

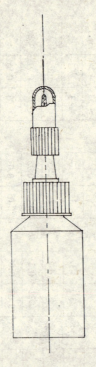

图 4-1 装花卉完全营养液的小瓶

(容量 15 毫升左右,装 10 毫升营养液)

18 号、19 号、20 号微量元素营养液配方。

其四,上述配方均用煮沸的纯水,冷却到 50℃~55℃时溶解,定容至 1 000 毫升为止,以此作为母液,根灌时再稀释到要求的有效浓度。

其五,凡是微量元素营养液都可用作根灌追肥、叶面肥或基肥,有效浓度控制在 140~350 毫克/升。

其六,上述配方中的微量元素,要用化学纯的化学品。

(三)微量元素的性能及作用

1. 硼砂 别名十水四硼酸钠、硼酸钠、月石砂。为无色半透明或白色斜结晶粉末,无臭、味咸。60℃时失去八个结晶水。易溶于水,水溶液 pH 值 9.1~9.3。20℃时的溶解度为 27 克/升水。在干燥空气中易分化。

硼砂是速效性的可溶性硼肥。硼在作物中参与碳水化合物的转化和运输,促进蛋白质的合成,调节水分吸收和养分平衡以及氧化还原过程,使生殖器官正常发育,有利于开花结果。作物缺硼时,生长点死亡,根腐烂,开花少,果实空等。一般双子叶作物比单子叶作物需硼量多,较易缺硼,被称为对硼敏感作物,如油菜、甜菜、棉花等。在作物孕穗期和扬花初期,用根灌法施肥,每 667 米^2 最大用量 100 克,根灌液浓度为 0.05%~0.1%。可作基肥和追肥。

2. 硼酸 为白色、无臭、带珍珠光泽的三斜晶体粉末,接触皮肤有滑腻感觉。溶于水,水溶液呈弱酸性。20℃时的溶解度为 50 克/升水。作用似硼砂。每 667 米^2 施 0.75~1.25 千克硼酸。为了施得均匀,可以与氮肥、磷肥等混合施用,或与干土、沙等混合施用。硼肥有一定后效,施用一次肥效可延续 2~3 年。根灌液浓度同硼砂。

3. 硫酸锌 别名七水硫酸锌、皓矾、锌矾。为无水针状结晶或粉状结晶,七水硫酸锌含锌 23%,一水硫酸锌含锌 36%。七水硫酸锌易溶于水,在空气中逐渐风化。39℃时,失去一个结晶水。20℃时的溶解度为 544 克/升水。

锌是一些酶的组成部分,参与碳水化合物的转化,能提高籽粒重量和产量,提高作物的抗寒性和耐盐性。作物缺锌时,叶片失绿,光合作用减弱,生长缓慢或停止生长。酸性土壤和石灰性土壤一般都缺锌;含磷量高的土壤或大量施用磷肥时,能削弱作物对锌的吸收能力,致使作物缺锌。心土比表土的有效态锌少,因此在新平整或翻土过深时,容易使作物发生缺锌现象。硫酸锌是常见的锌肥,见效快,可以多种形式施用。作基肥和追肥:大田作物施用硫锌作基肥时,每 667 米^2 用量为 0.25~2.5 千克,常用量 1~1.5 千克;果树每株施用量 0.25~0.5 千克,作基肥时不必每年都施,2~3 年施一次即可。在早春或萌芽期以及叶面失绿的时候用作叶面肥喷洒浓度为 0.1%~0.3%,根灌液浓度为 0.05%~0.2%,增产效果较好。

注意事项:不可与碱性化肥或农家肥(如碳酸氢铵、草木灰等)混施,以免硫酸锌发生水解为氢氧化锌沉淀,影响作物吸收。此外,锌肥是移动困难的营养元素,作基肥时应施在根部附近并用根灌技术根灌,表施效果不好。

4. 硫酸锰 别名硫酸亚锰。为淡玫瑰红色细小晶体,单斜晶系,易溶于水,在空气中风化,加热到 200℃以上时开始失去结晶水,约在 280℃时,一水物大部分失去。

锰在作物体中是许多氧化还原酶的成分,参与光合作用、氮的转化、碳水化合物的转移等。作物缺锰时,叶子出现失绿斑点。禾本科作物缺锰易生成白穗,甜菜缺锰出现"黄斑病"。对于对锰比较敏感的作物如小麦、大麦、燕麦、玉米、谷子、甜菜、马铃薯、甘薯、油菜、烟草等和豆科作物大豆、花生、绿豆均有佳效。作基肥时,将干粉均匀撒施,与其他肥料混合使用效果更好。每 667 米^2 用量为 1~2 千克。根灌液浓度为 0.05%~0.2%。

5. 钼酸铵 为无色或淡黄色,棱形结晶,易溶于水,在空气中易风化失去结晶水和部分氮,加热到 90℃时失去一个结晶水。

钼在作物中的作用是参与氮的转化和豆科作物固氮过程。有钼存在,才能促使农作物合成蛋白质。缺钼时,豆科作物固氮能力减弱或不能固氮。豆科和十字花科作物对钼比较敏感。钼肥对大豆、花生、蚕豆、苜蓿、油菜等有良好肥效。钼对瓜果有显著的增甜作用。追肥:用 0.1%～0.2% 水溶液根灌,每 667 米^2 用量 0.5～1 千克。

6. 硫酸亚铁 别名绿矾、铁矾。为天蓝色或绿色的单斜晶体,熔点 64℃,56.6℃ 时由七水物转变为四水化合物,64.4℃ 又转化为一水化合物,溶于水,有腐蚀性。在干燥空气中吸潮,并被空气氧化成黄色或铁锈色,并可风化。20℃ 时的溶解度为 265 克/升水。

铁是酶的组成成分,在氧化还原过程中起作用,也是合成叶绿素所必须的成分。缺铁时,作物叶片失绿,甚至死亡。对铁敏感的作物有蚕豆、花生、玉米、高粱、马铃薯、果树和一些蔬菜。可作基肥和追施施用,可以土壤施肥或根外追肥。在土壤上直接施用硫酸亚铁,由于易被土壤固定,不易收到良好效果,所以要用螯合铁。根外喷施用浓度为 0.02%～0.3% 的硫酸亚铁溶液。铁在叶片中不易转移,喷洒时力求均匀分布,多次喷洒。根灌液浓度为 0.3% 左右。

7. 硫酸铜 为蓝色块状结晶或蓝色粉末。有毒无臭,带金属涩味,含铜 24%～25%,于干燥空气中脱水成为白色粉末物。能溶于水,水溶液呈酸性。加热至 30℃,失去部分结晶水变成淡蓝色;至 150℃ 时失去全部结晶水,成为白色无水物。无水硫酸铜具有极强的吸水性,与氢氧化钠反应生成氢氧化铜(浅蓝色沉淀)。20℃ 时的溶解度为 207 克/升水。

铜含在多酚氧化酚成分中,能提高叶绿素的稳定性,预防叶绿素过早地被破坏,促进作物吸收。作物缺铜时失绿。果树缺铜时,果实小,果肉变硬,严重时果树死亡。对铜敏感作物是禾谷类作物如小麦、大麦、燕麦等。

硫酸铜可用作基肥和追肥。根外追肥用 0.02%~0.4% 硫酸铜溶液,若作基肥,每 667 米^2 施 1.5~2 千克,每隔 3~5 年施一次。根灌液浓度为 0.2%~0.4%。

三、螯合铁、铜、锌、锰的制法

(一)螯合物的概念

螯合物是络合物的一种,是一类配位化合物。它是由一个大分子配位体与一个中心金属原子连接所形成的环状结构,也就是一个有机分子通过两个或两个以上的原子与一个金属离子集合形成的环状化合物。例如,乙二胺与金属离子的结合物就是一种螯合物。因螯合物的结构很像螃蟹用两只螯夹住食物一样,故起名为螯合物。

能与金属离子起螯合作用的有机分子化合物称为螯合剂,或叫配体。通俗地说,螯合剂是一类对金属离子具有捕捉和释放能力的有机化合物。它们既能有选择地捕捉某些金属离子,又能在必要时适量放出这些金属离子。

螯合剂的络合离子具有"擒"和"纵"金属离子的特点,即一方面,螯合剂把金属离子包围起来,使溶液中的自由离子大大减少;另一方面,它又能把一些金属离子放回溶液。由于络合离子有此特点,所以金属离子不易因其他化学反应发生沉淀,而能为植物利用。若不用金属螯合物,则它会被土壤中某些物质所固定,不能被植物吸收利用。

所有的多价阳离子(包括碱金属、碱土金属、过渡金属等)都能与相应的配体结合形成螯合物,但每种金属离子形成螯合物的难易不同。各金属离子的螯合能力按以下顺序递减:$Fe^{3+} \rightarrow Cu^{2+} \rightarrow Zn^{2+} \rightarrow Fe^{2+} \rightarrow Mn^{2+} \rightarrow Ca^{2+} \rightarrow Mg^{2+}$。其中,高铁螯合物较其他任何为植物生长所必需的金属螯合物都稳定。高铁离子可以等量地置换螯合环中任何金属离子。

螯合物在溶液中与金属离子实际呈动态的反应状态。如果它们之间螯合得太稳定,对释放金属离子供植物利用来说,并不是有利的。因此,应根据具体应用要求来选择适合的螯合物或螯合剂。

(二)螯合剂的选用

螯合剂有很多种,如乙二胺四乙酸或称乙底酸(EDTA)、乙二胺四乙酸二钠(Na_2-EDTA)、二乙烯三胺五乙酸(DTPA)、羟乙基替乙二胺三乙酸(HEEDTA)、1,2-环己二胺四乙酸(CDTA)、乙烯二胺或称 O-羟基苯乙酸(EDDHA,EHPG,EDHFA,CHELDP)。

乙烯二胺的螯合物乙烯二胺钠铁(工业品)含铁6%,溶于水。在酸性和碱性条件下都有效,适合在 pH 值很高或很低的土壤中作根灌施用。

EDTA 溶解度很小,在 22℃温度下溶解度为 0.2 克/升水,而 Na_2-EDTA 在 22℃溶解度为 111 克/升水,因此 EDTA 不适合作螯合剂代之以 Na_2-EDTA。在上述螯合剂中,其他螯合剂都较 Na_2-EDTA 强一些,而以 EDDHA 为最好,但 Na_2-EDTA 国内有厂家生产,价格较便宜,因此常用作螯合剂。再有,植酸作为螯合剂更好,但价格较贵。

1. 乙二胺四乙酸二钠 别名 EDTA 二钠盐、M-23。本品为白色结晶粉末,易溶于水,呈微碱性。质量标准:含量大于99%,含重金属(以Pb计)小于0.001%,含铁(Fe)小于0.001%。

2. 植酸 学名己六醇六磷酸酯,别名肌醇六磷酸。本品为淡黄色浆状液体,一般以其钙、镁(有时为钾)的复盐(植酸钙镁)广泛存在于植物中,尤其常存在于种子、谷物、胚芽、米糠中。易溶于水和95%乙醇。稳定性好。在很宽的pH值范围内具有螯合能力,有优良的抗氧化性能。无毒。pH值为0.40(1.3%水溶液)或2.26(0.13%水溶液)。

植酸具有螯合能力,12个酸基能与金属螯合成白色不溶性金属盐,本品1克可螯合铁离子500毫克。与EDTA相比,其特点是在很宽的pH值范围内都具有螯合能力。其螯合作用的强弱与金属离子类型有关。通常在酸性、中性条件下螯合作用较强。另外,它也是一种新型的天然抗氧化剂。

作用:金属离子的螯合剂,pH调节剂、缓冲剂,油类的抗氧化剂,亦用于鲜花、果蔬保鲜。

质量指标:植酸≥70%,无机磷≤0.02%,钙≤0.02%,氯化物≤0.02%,硫酸盐≤0.01%,砷≤0.003%,重金属≤0.004%。

(三)螯合铁、铜、锌、锰的螯合方法

1. 螯合铁的制法 称取18.61克乙二胺四乙酸二钠放入容器内,再称取硫酸亚铁($FeSO_4 \cdot 7H_2O$)13.9克放到同一容器中,再在容器中放入纯水(指蒸馏水,不含杂质离子。下同),用电动搅拌器顺时针搅拌半小时(其间要保持水温在50℃~55℃)即得0.05摩尔螯合铁,实际含铁量2 792.25毫克。

乙二胺四乙酸二钠铁分子式为 $Na_2FeEDTA \cdot 2H_2O$，分子量为 428.2068，含铁 13.0421%，为黄色小晶体，易溶于水，呈微碱性。

2. 螯合铜的制法 称取 18.61 克乙二胺四乙酸二钠放入容器内，再称取硫酸铜($CuSO_4 \cdot 5H_2O$)12.484 克放入同一容器中，再在容器中放入纯水，用电动搅拌器顺时针搅拌半小时（其间要保持水温在 50℃~60℃）即得 0.05 摩尔螯合铜，实际含铜量 3 177.303 毫克。

3. 螯合锌的制法 称取 18.61 克乙二胺四乙酸二钠放入容器内，再称取硫酸锌($ZnSO_4 \cdot 7H_2O$)14.377 克放入同一容器中，再在容器中放入纯水，用电动搅拌器顺时针搅拌半小时（其间要保持水温在 50℃~60℃）即得 0.05 摩尔螯合锌，实际含锌量 3 268.999 毫克。

乙二胺四乙酸二钠锌（或称 EDTA 锌）分子式为 $[CH_2N(CH_2COO)_2]_2Na_2Zn \cdot 4H_2O$，分子量为 471.63，含锌 13.86%，为白色结晶粉末，溶于水，是植物有效锌的来源。在营养液的氢离子浓度小于 1 000 纳摩/升（pH 值大于 6）时，一般锌盐的有效性就降低，使用螯合锌便能有效地提供锌。

4. 螯合锰的制法 有两种方法。

方法一 称取 18.61 克乙二胺四乙酸二钠放入容器内，再称取硫酸锰($MnSO_4 \cdot H_2O$)8.45 克放入同一容器中，再在容器中放入纯水，用电动搅拌器顺时针搅拌半小时（其间要保持水温在 50℃~60℃）即得 0.05 摩尔螯合锰，实际含锰量 2 746.74 毫克。

方法二 称取 18.61 克乙二胺四乙酸二钠放入容器内，再称取硫酸锰($MnSO_4 \cdot 4H_2O$)11.155 克放入同一容器中，再在容器中放入纯水，用电动搅拌器顺时针搅拌半小时（其间要保

持水温在 50℃~55℃)即得 0.05 摩尔螯合锰,实际含锰量 2 748.90 毫克。

乙二胺四乙酸二钠锰(或称 EDTA 锰)分子式为 $[CH_2N(CH_2COO)_2]_2Na_2Mn$,分子量为 389.13,含锰 14.12%,为浅粉红色结晶或粉末。易溶于水,为植物有效锰的来源。惟溶液含钙高时,会影响锰的有效性。

5. 柠檬酸铁 又称枸橼酸铁,分子式为 $FeC_6H_5O_7 \cdot 2.5H_2O$(多核金属络盐)。将柠檬酸加入氢氧化铁溶液中,在低于 60℃温度下加热蒸发至浆状,将其涂布在玻璃板上低温干燥而得。

性能:红褐色透明鳞片状或褐色粉末。受热、见光可还原成柠檬酸亚铁。缓慢溶于水,易溶于热水和稀酸。水溶液呈酸性。应避光贮藏。加入营养液中,在氢离子浓度 100~3 162.3 纳摩/升(pH 值 7~5.5)的条件下,3 天后就减少 90%,而乙二胺四乙酸铁在 21 天后只减少约 10%。说明柠檬酸铁不适宜用作无土栽培的铁源。用于叶面肥,有一定的效果,用于根灌也有一定的效果。

质量规格:含铁量 16.5%~18.5%,20%水溶液为透明(加热),砷(以 As 计)含量≤4 毫克/千克,铅含量≤20 毫克/千克,铵盐、酒石酸盐、碱金属及碱土金属含量在限度内,重金属(以 Pb 计)含量≤30 毫克/千克。

所用原料柠檬酸分无水物和一水合物两种。无色透明晶体或白色的粉末。无臭,有强烈的酸味。易溶于水,pH 值为 2.3(1%水溶液)。螯合剂。质量规格:含量≥99.0%(水物),含硫酸盐(以 SO_4^{2-} 计)≤0.05%,含草酸盐、钙盐在限度以下,含重金属(以 Pb 计)≤10 毫克/千克,灼烧残渣≤0.1%。

四、自制包根专用二氧化碳缓释剂

近年来,大棚覆盖栽培发展迅速,为补充覆盖层内二氧化碳即碳酸气的不足,采取的方法是:用钢瓶直接放出,或用干冰,或使烃类燃烧,或让碳酸盐同酸反应等,来发生二氧化碳供给作物。

但是,上述方法必须每天定时供给,需要占用固定时间,给生产和劳动力安排造成较大困难,因此我们自制了包根专用二氧化碳长效缓释剂。本剂是以碳酸钙(或碳酸镁)和硫酸铵(或磷酸铵)为有效成分,以硫黄为造粒黏合剂,将三者粉末均匀混合后,在一定温度下无水造粒制成二氧化碳缓释剂,克服了上述的缺陷。其有以下优点。

一是本剂以碳酸钙和硫酸铵反应来发生二氧化碳气,当硫酸铵耗尽时,未反应的碳酸钙和残存的硫黄作用,仍能继续发出二氧化碳气,故本剂发生量大,供应期长。

二是作物在发芽后 20~40 天大量需要二氧化碳,此时本剂可徐徐发出二氧化碳供给作物。亦适用于大棚等蔬菜的培养和水稻等室内育苗及玉米等 C_4 作物的二氧化碳的供给源。

三是在发出二氧化碳的同时产生的游离氨,具有和普通氮素肥料同样的效果,又补充了作物生长所需的氮肥。

四是原料价廉易购。

五是本剂形态和施用方法与普通颗粒肥料相同,便于推广应用。

(一)原 料

1. 碳酸钙(轻质) 又称沉淀碳酸钙。白色粉末,无味无臭;分无定形和结晶形两种,均可使用。

2. 碳酸镁 产品因结晶时的条件不同有轻质和重质之分,一般为轻质。包括轻质 $MgCO_3 \cdot H_2O$;重质 $5MgCO_3 \cdot Mg(OH)_2 \cdot 3H_2O$;$5MgCO_3 \cdot 2Mg(OH)_2 \cdot 7H_2O$;$4MgCO_3 \cdot Mg(OH)_2$ 及 $3MgCO_3 \cdot Mg(OH)_2 \cdot 4H_2O$。常温下为三水盐。轻质碳酸镁为白色轻而脆的块状或松散的白色粉末,无臭,熔点350℃,在空气中稳定。加热至700℃发生二氧化碳,生成氧化镁。基本不溶于水、乙醇,但在水中引起轻微的碱性反应,溶于酸类时产生气泡。

3. 硫酸铵 又称硫铵,俗称肥田粉。纯品为无色斜方晶体。在封闭管中熔点为513℃±2℃,在敞口管中加热至100℃开始分解为酸式硫酸铵。工业品为白色或微带黄色的小晶粒,含氮20%~21%,是一种速效氮肥。溶于水,不溶于乙醇。在本剂中具有助剂作用,主要利用其吸水分溶解后与碳酸钙反应生成二氧化碳气,反应同时产生游离氨,也有肥料效果。

4. 磷酸铵 别名磷酸三铵、三盐基磷酸铵。分子式为 $(NH_4)_3PO_4 \cdot 3H_2O$。无色透明薄片或菱形结晶。易溶于水,不溶于乙醇及乙醚。性质不稳定,在空气中能失去部分氨,水溶液加热则失去两个分子氨而生成磷酸二氢铵。

5. 硫黄 别名胶体硫。黄色固体粉末,有几种同素异形体。其中,最稳定的是正交晶体硫,熔点112.8℃;另一斜晶体硫,熔点119℃。通常为两者的混合物,熔点115℃,相对密度(d^{20})2.07,30.4℃时蒸汽压0.45毫帕,不溶于水,微溶于乙醇和乙醚,结晶状物易溶于二硫化碳,无定形物不溶于二硫化碳。此物容易燃烧,并易被水缓慢分解。在本剂中用作黏合剂。在土壤中有协助碳酸钙发生二氧化碳气的作用。

6. 微量元素营养液 北方用配方 12,南方用配方 13。

(二)配方原则

以碳酸钙为基准,硫酸铵大致达到反应量即可;但考虑到肥料效果,适当过量也可;根据二氧化碳气的需要量,必要时在反应量以下也可。

硫黄作为造粒黏合剂,其添加量随造粒温度、造粒方式而不同。但一般以控制在原料总量的 20%~30% 为宜。温度一般控制在 120℃~180℃。在无水状态下进行。造粒时,根据需要,还可以添加微量元素。配方见表 4-3。

表 4-3　包根专用二氧化碳缓释剂配方

原　料	规　格	配方重量比(%)
碳酸钙(轻质)	工业纯,过 150 目筛	30
硫酸铵	工业纯,过 100 目筛	40
硫　黄	工业纯,过 150 目筛	28
微量元素	化学纯,过 100 目筛	2

注:可用等量的碳酸镁和磷酸铵分别代替碳酸钙与硫酸铵

(三)制造方法

按表 4-3 配方,将碳酸钙、硫酸铵和硫黄及微量元素的干燥粉末充分混合,在封闭干燥管中加热到 160℃~180℃,用挤出式造粒机挤成直径 8~10 毫米、长 18~20 毫米的圆柱状颗粒,再在密闭干燥条件下进行冷却。

在造粒、冷却和原料、半成品贮存过程中,必须保持干燥,防止吸湿,不使碳酸钙与硫酸铵发生反应。只有这样,才能得到合格品,在使用时方能有效地发生二氧化碳气。

从本剂与湿土壤接触之时起,可于 30~40 天内持续放出二氧化碳气。因为当硫酸铵耗尽,未反应的碳酸钙仍继续和残余的硫黄作用,继续放出二氧化碳气。与不用二氧化碳气发生剂的相比,二氧化碳气浓度高 200×10^{-6} 以上[原为 $(200\sim300) \times 10^{-6}$,现为 $(400\sim500) \times 10^{-6}$],1周后产量成倍增加。尤其对于 C_4 作物如玉米、高粱、甘蔗、苋菜等更是如此。

第五章 健壮液的应用与自制

一、健壮液与 EM 液的关系

EM 液即 1982 年世界著名应用微生物学家、农学博士、日本琉球大学比嘉照夫教授发明的一种新型复合微生物菌剂,是由光合菌、放线菌、酵母菌、乳酸菌、曲菌等 5 个科 10 个属 80 多种微生物培育出的一种复合有效菌群,"EM"是其英文名称 Effective Mieroorganisms 的缩写。

健壮液是笔者研发的培养剂培养出来的 EM 液之称谓。因此,这是一种类似于 EM 液的活菌剂,只是培养剂不一样,同样适用于种植业和畜、禽、鱼等养殖业。在以后的叙述中所提到的健壮液等同于 EM 液,反过来,所提到的 EM 液也等同于健壮液,所以健壮液就是 EM 液。

健壮液(FJC-饲料、肥料添加剂)经中国预防医学科学院劳动卫生与职业病研究所检验,根据《食品安全性毒理学评价程序》的"急性毒性分级标准"进行评定,受检样品属无毒类。就是说,人都可以吃,因此是绿色产品。检验报告编号:LWY2000 第 10—10 号。检验时间:2000 年 11 月 20 日。

纵观任何一本书,都没把复合微生物有益菌群培养剂的具体配方告诉读者,因为这关系到巨大的经济利益。生产 1 千克复合微生物有益菌群的培养剂原料只有几角钱,其管理费、设备折旧费、营销费、人工生产费等最多不超过 1 元钱,所以生产 1 千克复合微生物有益菌群的总成本不超过 1.5 元

（包括人喝的保健饮料），而销售价格有的竟高达60元/千克，可见利润大得惊人，所以把培养剂配方保密，以便维持其巨大的经济利益。而我们的著作反其道而行之，将生产复合微生物有益菌群的培养剂及工艺过程公之于众，而且这种工艺过程可以家庭化小规模生产，自给自足；也可以工业化大规模生产，以低廉的价格供给社会。

二、FJC-健壮液

FJC-健壮液是笔者自主研发的培养剂，以EM液有益细菌为基础，培养成功的一种含多种有益细菌群落的生态型制剂。粗制品FJC-健壮液1号与FJC-健壮液2号，分别用于种植、养殖（包括水产）与环保；FJC-健壮液3号是精制品，特称为"康定玉液"，可以作为人体保健饮料。下面分别介绍它们的作用。

1号健壮液：能促进植物生长，提高单产，改良品质，增强抗性。可喷在作物上，也可施在土壤里。施在土壤里能改善根际的菌落结构，故有改良土壤之作用。

适用于水稻、小麦、玉米，一切瓜果蔬菜及园林、苗圃。更适用于花卉与大棚作物。用量：每年（茬）每667米^2 5~10千克，可增产10%~20%。

2号健壮液：用于水产养殖，具有强化水中和低质有机物质的循环，消除水中氨氮、硫化氢和其他有机物，促进浮游生物生长，增加水中溶解氧，改善池水水色。健壮液中的各种有益细菌，菌体含有丰富的蛋白质、多种维生素及生物活性物质，营养丰富，无毒，易消化，是优良的饵料添加剂。在鱼、虾、贝的饵料中合理添加2号健壮液，可改善饵料的适口性，提高饵料利用率,既能减少饵料用量又能促进鱼、虾、贝的生长,并能抑制塘中有害病菌的生长繁殖。鱼、虾、贝摄食2号健壮液的有益细菌后,能增强自身免疫力,减少病害发生,提高成活率。可增产20%以上。用量:每667米^{2}每造30千克。产投比(5~10):1。

同样道理,用2号健壮液添加在畜禽饲料与饮水中,可增强畜禽的免疫力,提高成活率,并能降低成本,提早出栏,改善产品质量(肉更鲜嫩),提高商业价值。若用一定浓度的2号健壮液喷洒畜禽皮毛,能使皮毛光滑发亮;用于喷洒厩内畜禽粪便,能很快降解氨氮与硫化氢,故可迅速改善环境,减少臭味。

同理,可用于厕所除臭、灭蝇,垃圾除臭,污水处理等环保工程。

康定玉液:是健壮液菌种的母液。其培养剂比健壮液1号和健壮液2号富有营养,有复壮作用。它能调节胃肠道菌群的构成,使有益细菌在其中占主导地位,是一种具有健胃、开胃、消除呕吐感作用的保健饮料,具有提高人体免疫力及防治高血糖、高血脂等多种保健作用。目前不少儿童厌食,很多人早晨空腹刷牙有恶心感,胃口不开……均是康定玉液的市场。如前所述,其价格比较低廉,易为大众所接受,造福于民。

康定玉液经中国预防医学科学院劳动卫生与职业病研究所检验,根据《食品安全性毒理学评价程序》的"急性毒性分级标准"进行评定,受检样品康定玉液属无毒类。就是说人都可以吃,因此是绿色产品。

康定玉液属人体保健饮料,不属于本书讨论的范围,有意开发康定玉液的有识之士可与笔者联系。

三、EM 液技术用途简介

进入 20 世纪 80 年代以来，随着化肥、农药的过量使用及自然资源的无节制开发，使土壤环境遭到空前破坏。据联合国环境开发署的一项统计，全世界每年有 2 100 万公顷肥沃耕地丧失生产能力。按这一趋势发展下去，到 20 世纪末全球的可耕地面积将减少 1/3。

为了有效遏制这一危险趋势的发展，有关农业方面的专家正在积极探索，力图摆脱农业生产对化工产品的过分依赖。1982 年，日本琉球大学比嘉照夫教授开发的 EM 生物技术就是较为成功的一例。

目前世界上有很多国家引入了 EM 生物技术，印度已将其用于治理恒河污染。印度、孟加拉国等国已从日本引进了"EM"的工厂化加工设备。巴西最近出现的一个良性生态循环农场，为"EM"赋予了更加神奇的色彩。农牧渔业交织在一起的经营方式，建成了一个占地 16 公顷自我净化的生态农业生物圈。他们首先用"EM"把杂草、有机垃圾变成肥料，用来生产蔬菜、粮食，且无须顾及土壤的贫瘠与否。粮食用来喂鸡，鸡的粪便与杂草混合加入 EM 液发酵，再用作猪饲料。猪粪用同样方法制成牛饲料，牛粪转化成高效农肥回灌到水田里，而水田里放养的鱼又以其为饵料(图 5-1)。在农场里没有废物排放，避免了对环境的污染，土地又可以年复一年重复耕种，丝毫不伤地力。这种低成本多副业经营方式使农场收入稳定增长，劳动条件大为改善，达到了高效低耗的目的。

由于 EM 液是一种微生物活菌剂，不含任何化学物质，无毒、无副作用，不污染环境。因此，用它作为肥料或配制成饲

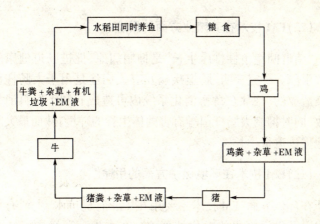

图 5-1　EM 技术生态农业生物圈

料所生产出来的农牧产品是安全健康食品,即风行全球的绿色食品、无公害食品。

(一)EM 技术在种植业方面的用途

据研究,一般土壤中微生物群体的分布有 3 种类型:有益微生物(占 15%),有害微生物(占 15%),既无益又无害的微生物(约占 70%)。其中,有益微生物对农药、化肥的耐受能力差。现代农业长期大量使用农药、化肥等导致土壤中有益微生物几乎灭绝,有害微生物占主导地位,致使土壤肥力大大降低。要改变目前这种状况,在土壤中加入 EM 液是行之有效的方法。EM 液能充分分解土壤中的有机物质,提高土壤肥力,节约肥料;使土质疏松,促进地下根茎生长,提高产量,改善品质;同时还能抑制有害微生物及害虫的滋生,减少病虫害的发生。盐碱地治理也有希望。

(二)EM 技术在养殖业方面的用途

"菌群间竞争性排斥生长"是抑制病原、促进肠道健康的有效手段。研究表明,肠道疾病及有关病症是由于大肠杆菌感染造成的。EM 在禽畜消化系统内可造成有利于饲料消化吸收、同时抑制大肠杆菌等有害菌体生长的环境,从而最大限度地促进禽畜生长。

(三)EM 技术在环境保护方面的用途

在环保方面,EM 技术主要用在工业有机废水、生活有机废物以及生活废水的净化处理上。在水生态环境中,EM 液能抑制腐败微生物的生长、繁殖及某些病原菌的生长,从而抑制含氨物、硫化物等恶臭物的产生,并能促进有机恶臭物质的分解,达到消除恶臭净化环境的目的。

EM 技术的这些神奇魅力听起来似乎不可思议,而它的现实意义在于生产的低成本和治理污染的高效率。例如,用 EM 液取代污水、垃圾处理场等工业设施,可节省大量工程投资。1993 年,日本宫崎市等 5 城市采用 EM 生物技术,减少了数十万吨生活垃圾的排放,节约相应处理费用 4 000 万美元。并准备向更多城市推广,进一步减少垃圾排放 100 万吨,可节约费用 2.5 亿美元。

在环境污染已对人类生存构成极大威胁的今天,人类一方面应开发清洁先进技术避免生产过程中对环境的污染,另一方面对已发生的污染又要抓紧治理、杜绝蔓延,而 EM 生物技术两者兼而有之,堪称拯救地球的一项重大变革。

笔者曾做过试验,水面上出现红藻(海面上称为赤潮,对鱼类是毁灭性的)时,加入适量的 EM 液,红藻可以变为鱼类爱吃的蓝(绿)藻,再加入适量的 EM 液,蓝(绿)藻就消失了,便成为普通的水,这对当前太湖、滇池、巢湖等处出现蓝(绿)藻灾害的治理,有启发意义。

(四)EM 技术在工业方面的用途

工业上应用,为 EM 生物技术展现了广泛的前景。EM 液中有一种可生存于 700℃ 以上高温环境的微生物,将掺有这种微生物的黏土烧结成"EM 陶瓷",用这种陶瓷制成汽车油箱、发动机缸体的内衬,可以明显提高燃料的燃烧效率,减少尾气排放。含有"EM 陶瓷"微粒的再生塑料可用于加工能自行降解的食品保鲜袋,装在里面的大米可在 4 年内不发生霉变。

(五)EM 液对人体的保健作用

EM 液在人体保健方面也有良好的作用,如对某些胃肠疾病的患者,服用一段时间 EM 液(康定玉液)后,可使其症状得到一定的缓解,甚至消除。

四、EM 技术作用机制

EM 液已经走过 20 多年的历程,从日本走向了世界,它以强大的生命力普及到全世界 90 多个国家和地区。我国从 1995 年开始推广试验,现已扩大到 20 多个省、自治区。EM 液以它奇特的生物功能、安全稳定无任何毒副作用的特性、十分低的成本,集经济、社会、生态于一身的综合效益,赢得了各国的信赖,已被公认为是生物科学的辉煌。

21 世纪将是生物科学的世纪,也将是微生态制剂的世纪,微生态学必将成为21世纪生物科学的中坚学科。随着人们对环境保护及健康的日益关注,期望能通过生物技术来解决导致生态破坏的一些污染问题。EM技术的产生,为人类文明健康的发展带来了美好的前景,给高效生态农业的发展带来了希望。

微生态学的一个核心理论,是任何一个生物个体都是由细胞组织和体内微生物组成的一个复合体。研究生物个体内微生物组成、功能和演替,研究微生物之间的关系,以及微生物和寄主之间的关系,是微生态学的内容。用系统工程手段来处理这个微观的生态系统,将生物体内的有益微生物也就是能促进生物增加产量、改进品质、增强抗性的微生物筛选出来,加以培育,甚至改变其遗传的某些特性,再经过工业化生产,然后用到生物体上,促进生物增加产量、改进品质、增强抗性,这就是微生态调控的应用原则,也是EM液的基本原理。EM液的应用,充分说明微生态调控措施是一条效果显著、安全可靠的"扶正祛邪、固本促活"的新途径。

EM为有效微生物群,产品为新型复合微生物菌剂,功能上又称为人工培养的一种有效微生物生态系统。其中生存着好气性(需氧)微生物和嫌气性微生物。80余种微生物在其生长过程中,相互交换食饵,相互提供生存条件,形成共生增殖关系;相互作用,相互促进,起到协调的作用,抑制病原微生物的生长繁殖。EM液当中的微生物均是对动物和植物产生有益作用的再生型微生物集合体。在这些起主导作用的再生型微生物"领头"的群体作用下,可以促使其他菌顺从再生型方向。

关于EM功能的机制,现在还处于"假说"阶段。但是,通过大量试验,确实证明EM有令人难以置信的神奇作用,分析

其原因,可作如下解释。

(一)有益菌类的群体作用

组成 EM 群落的 80 余种菌,均是有益菌类,其中几大主要功能菌,凡从事养殖业的人都不陌生,如放线菌、曲菌、酵母菌、光合细菌、乳酸菌等,它们在饲料和水产等方面的作用已逐渐被认证。它们在适宜的条件下,通过菌群自身繁殖和代谢,可以产生多种有益的物质。

①光合菌:能把接收的太阳光和热合成抗氧化物质及氨基酸、核酸、糖类物质来补充动植物体营养,阻止和消除自由基对动植物细胞的破坏。抗氧化物质还能阻止自由基的聚合,起到防止病害和衰老的作用。光合细菌含有丰富的营养,其菌体本身含有 60% 以上的蛋白质,并富含多种维生素,特别是维生素 B_{12}、叶酸、生物素的含量是酵母的几十倍,此外还含有辅酶 Q_{10}、抗病毒物质和生长促进因子。光合细菌还能利用水中的硫化氢、有机酸、氨以及氨基酸,兼有反硝化作用可去除水中的亚硝酸铵,因而能使鱼池池水得到净化,减少鱼类疾病的发生。

②放线菌:能将动物胃肠中一些有害细菌和腐败物质分解、清除掉,还能产生种类繁多的抗生素、维生素及酶,同时能在难分解的物质如纤维素、木质素、甲壳素等的降解中起重要作用。

以上仅列举单类菌的作用。

③酵母菌:能使胃肠加速蠕动,产生活性酶,帮助消化吸收,缩短腐败菌产生的有害有毒物质在肠道内的滞留时间,降低体内毒素含量。

④曲菌:作用与酵母菌相似。

⑤乳酸菌：使动物体内的糖分代谢产生大量的醋酸、乳酸以及其他抑菌物质，抑制腐败菌的生长繁殖，减少体内毒素的产生。并能改善胃肠道功能，维持肠道菌群平衡。同时能缓解乳糖不耐症，合成营养素，延缓机体衰老，预防肿瘤，降解胆固醇等。

实际上，EM有益菌类的群体优势是强有力的。正如前面提到的，EM中全是对动物和植物产生有益作用的再生型微生物集合体，当被动植物体吸收后，可以调节其原体内微生态平衡，与原籍菌中有益的菌一起形成更有益于动植物生长的种群，从而抑制了致病菌群。

就动物体而言，EM液微生物复合制剂可促进肠道内有益微生物大量繁殖，产生有机酸、过氧化氢，通过消耗体内氧气等途径，抑制有害病菌的生长。它产生的多种消化酶、维生素等物质，提高了肠管对营养物质的消化与吸收功能。服用大量有益微生物，还能产生一种免疫调节因子，能提高血液循环系统、消化吸收排泄系统、呼吸系统的抗病能力。如动物腹泻，有的是由于肠内菌群中厌氧菌和好氧菌的比例失调，而EM出色的止泻作用正是调节优化菌群比例功能的体现。有病治病，无病健身，是EM的特色，也是一般抗生素类的药物无法相比的。

由于EM是80种微生物组成的超大型群落，其种群之间关系极其错综复杂，要一个种群一个种群、一种物质一种物质地去详细分析，几乎是不可能的。从现代微生态学观点来看，EM是多种菌群组成的微生物系统，是更高层次微生物的结合，各种菌群依靠协调共生发挥着整体的功能，对宿主有营养、免疫、生长刺激、生物拮抗等多种作用。EM是微生态理论假说的又一例证。

(二)EM能产生抗氧化功能

比嘉照夫在他的专著《拯救地球大变革》中,对 EM 作如下评述:EM 是"有效微生物群"的简称,其实质就是自然界中再生和崩溃两个方向拥有再生方向发展能力的微生物集团。譬如光合细菌、酵母菌、放线菌、乳酸菌、曲菌等聚合在一起所形成的 EM,在共存繁殖中就会提高抗氧化物质的质量,从而使能量立体化地汇集,即所谓再生机制得以形成,使载体得到净化,万物变得生机勃勃。

比嘉照夫还认为,生命力衰退和物质劣化都是由于氧化作用所致。氧化现象能使万物溃烂(我们呼吸的一般分子态氧是没有直接氧化能力的)。人们患有的一些原因不明的疾病、金属生锈、大理石雕刻腐蚀、材料急剧老化、动植物体腐烂,全是因为有一种促进氧化的物质叫游离基在促进氧化。自然界里最强的游离基是紫外线,人类制造的最强烈的游离基是放射能。因为放射能一进入人体就要强烈地放热,使人体猛烈地陷入氧化状态,结果身体状态就会不能自主。氧化,是在一瞬间发生的,这种能形成氧化的物质被称为活性氧。活性氧是指通过呼吸吸入的氧气的一部分活性化物质。活性氧对食品的活体能源起着重要作用,但过剩了就要攻击遗传因子,与不饱和脂肪酸结合在一起生成老化物质。氯以及氮氧化物、硫化物、所有离子化成分都有活性氧的作用,它们也是造成疾病和物质变化等崩溃现象的起因。比嘉照夫在列举了大量事实后得出了以下结论:现在的人们因为环境污染、食品污染和不必要的医疗服药,基本上是生活在强烈的氧化状态之中。疾病现象以及诱发病的原因,它们共同之处就是都有过剩的强性氧化和强性的氧化力。食品的公害最严重的要算有害添加剂了,其大半是靠氧化杀菌力强而诱发出强烈的活性氧;消耗体力的放射性治疗之类,也会使体内产生大量的游离基;临床医疗所施的医疗药物,实际上是促进氧化的方法,说穿了,药品不少都具有诱发活性氧的"毒性";除草剂的原理是以其氧化力来破坏杂草生命力的物质,因此用它的同时也夺走了土壤里的无数生命;化肥与农药在提高农作物产量方面确实起到过划时代的作用,但是化肥、农药过氧化性使土壤中所蕴藏的力量过早地被消耗掉,同时造成土壤中的病原性微生物得以繁殖,等于让崩溃型微生物占据上风,使土壤中原有能让作物生长的能力逐渐退化,直至贫瘠无能。

为了抑制和消除活性氧的危害,我们必须设法提高一切容易被氧化的载体抗氧化能力,这种具有抗氧化能力的物质被称为抗氧化物质。

EM液微生物复合制剂具有强抗氧化作用。它可以消除自由基对动物体细胞的破坏,延缓衰老,杜绝病原,激活T细胞,分解亚硝基化合物及其他有机致癌物质,抑制病菌、病毒及癌细胞生长,调节动物血脂,减少血管壁脂肪沉积,从而使动物恢复自然再生能力和疾病自愈能力,提高免疫功能,使患病动物奇迹般地康复。

EM液有能力产生带有强烈抗氧化作用的抗氧化物质,能净化被污染的氧化态物质,有能力使离子化的物质还原到原来的分子状态,使各种元素变纯。EM生成的抗氧化物质、微生物发出的波动,加上无机物元素发出的波动,所有这一切都驱动着抗氧化力向再生方向工作。例如,乌鸦吃腐烂的东西不生病,其原因就是其体内有维生素C和维生素E,拥有强有力的生成抗氧化物质的功能。尽管EM的作用机制还没有一个完善的解释,但是它的应用绝没有因为机制不明而受到影响。世界上许多国家已将EM生物技术作为解决本国农业、环境、医疗的良策给予极大的重视。巴西最早引入EM技术，供应体制完备，使用户数剧增，成果非常显著，已具备每月生产700吨EM的工厂。泰国也已建立了月产200吨EM的工厂。

EM生物技术在最初的应用期间，大多是农牧业领域。其目的是用它作为肥料或配制成饲料所生产出来的农牧产品是安全健康食品，即风行全球的绿色食品、无公害食品。然而，随着人们对EM生物技术认识的深化，EM生物技术在环境保护与治理方面展现了广阔前景。日本冲绳县志川市图书馆修建了世界上第一座利用"EM"净化方法的废水再生装置。把EM稀释成100～200倍水溶液，配制污水量的0.1%，每月从各楼层厕所冲入EM液0.5%～1%，3～4次，一个月以后厕所排出的水变得像饮水一样清澈(有机耗氧量5毫克/升，饮用合格)，没查出大肠杆菌之类的有害细菌。中国农业大学用EM改善水质，以一个养殖中华鳖的水塘水质进行对比检测，从8月1日起至9月30日分4次检测的结果来看，使用EM的水质明显比未用EM的大大改善(表5-1)。

表5-1　中华鳖池使用EM后水质变化情况

检测时间	pH值		溶氧量(毫克/升)		氨氮含量(毫克/升)		浮游植物(个/升)		浮游动物(个/升)	
	试验	对照	试验	对照	试验	对照	试验	对照	试验	对照
8月1日	7.10	7.05	2.03	2.05	0.25	0.23	2×1000	2.2×1000	0	0
8月20日	7.40	6.90	3.52	2.26	0.45	0.46	4.4×1000	3.7×1000	2.5×1000	0.5×1000
9月10日	7.50	7.10	4.86	3.06	0.38	0.52	5.7×1000	4.2×1000	4.6×1000	1.5×1000
9月30日	7.60	6.80	5.20	3.54	0.30	0.72	6.0×1000	4.8×1000	5.2×1000	3.7×1000

美国科罗拉多州有一叫拉卜兰的地方,有个财团经营的农场,因为他们信仰"粪尿是神赐给的礼品",所以卫生很差。自1991年起,该农场用EM处理水道,很快消除了臭气,半年后在早晨和傍晚竟有野鸭和其他水鸟来此曾是排放污水的池塘里戏水了。日本具志川市小学,冬季用游泳池养鱼,并投入EM净化池水,第二年清理使用过的游泳池时,清理时间由原来的1周缩短到1天。用EM清理与净化各类池塘的例子举不胜举,而且效果都十分令人满意。

(三)特异的EM使用方法简介

在离亚马孙河口贝伦市130千米的高坡上,有一个规模很大的油椰子种植园,其制油厂日生产椰子油60吨。椰子油原是做人造奶油和高级香皂的原料,但是又能开发作为柴油机燃料而代替排气公害最严重的柴油。种植园采用EM技术,使一株油椰树产量从18~20千克增加到40千克。用椰子油制成的燃料只产生二氧化碳和水,而油椰子再把放出的二氧化碳收回来,等于是再回收的机构。

再有就是EM在汽车上的应用。根据试验,将用EM制作的抗氧化剂的一定量掺入汽油中,燃料费能减少30%,并能除去发动机产生的锈,减轻机械磨损,降低排气中种种氧化物。石油公司对此很感兴趣。这些抗氧化剂可以代替碳化氢来做精密仪器的清洗剂和一般洗涤剂,能充当防锈剂制品和材料劣化的防止剂等,在氧化和抗氧化方面都有利用的价值,为物品的耐久使用增加了潜力。

EM作为一种生物技术,确实具有超乎想象的能力,但不能陷入一个万能的错觉。EM的主力群体完全靠人适当的管理,只有适当的管理,EM方能发挥出它全部的力量。同时,也可向人类承诺:EM 在污染的地球上无限度地扩大也绝不会发生意外,它对高级生物和人类具备着一种最方便不过的特性。

五、FJC-健壮液 1 号在种植业上的应用

(一)FJC-健壮液 1 号在种植业上的使用方法

FJC-健壮液 1 号在种植业上的应用见表 5-2。

表 5-2　健壮液在种植业上的使用方法

作物种类	使用方法	备注
水稻	育秧:1:500EM 液浸种 24 小时以上(需 EM 液 25 克)。每 667 米^{2}EM 液堆肥 500～1000 千克(需 EM 液 5～10 千克)。1:100EM 液喷洒秧苗 1～2 次(需 EM 液 1 千克) 移植:开春后用 1:200EM 液喷施绿肥(需 EM 液 1 千克)。每 667 米^{2}EM 液堆肥 300～500 千克施入稻田(需 EM 液 3～5 千克)。1:200 EM 液浸秧根 10～20 分钟(需 EM 液 0.5 千克)。分蘖期、孕穗期、扬花期各用 1:100 EM 液喷洒一次(需 EM 液 1.5 千克)。每 667 米^2 参考总用量 6～8 千克	用 EM 生物菌肥种植水稻与目前常规种植法相比的优点及经济效益:可改良稻田土壤,提高肥力,增加光合作用,促进水稻生长。水稻病虫害减少。田间除草作业量减低。水稻出苗粗壮、整齐,谷穗饱满,抗旱、抗倒伏。不仅产量明显增加(增产达 25%),而且降低了成本,提高了大米品质
玉米	每 667 米^{2}EM 液堆肥 500～1000 千克作基肥施入(需 EM 液 5～10 千克)。1:500EM 液浸种 24 小时(需 EM 液 25 克)。苗期至喇叭口期用 1:100EM 液喷淋 1～2 次(需 EM 液 2～4 千克)。雄花期按 1:100EM 液喷淋一次(需 EM 液 2 千克)	"EM"有效微生物活菌剂用在农作物上,可以从根本上改良土壤,提高肥力,增强光合作用,协同固氮能力,促进作物生长,增强农作物抗逆性
花生	每 667 米^2 用 EM 液堆肥 300～500 千克作基肥施入(需 EM 液 3～5 千克)。1:500EM 液浸种 1～2 小时。苗期、始花期各用 1:100EM 液喷淋一次(需 EM 液 2～4 千克)	

续表 5-2

作物种类	使用方法	备注
西瓜	每 667 米^2 用 EM 液堆肥 1000~2000 千克作基肥施入（需 EM 液 10~20 千克）。1：500EM 液浸种 24 小时。苗期、盛长期、幼瓜期各用 1：200EM 液喷淋一次（需 EM 液 3~6 千克）	"EM"有效微生物活菌剂用在农作物上，可以从根本上改良土壤，提高肥力，增强光合作用，协同固氮能力，促进作物生长，增强农作物抗逆性
蔬菜	每 667 米^2 用 EM 液堆肥 500~1000 千克施入种植穴（需 EM 液 5~10 千克）。1：500EM 液浸根 10~20 分钟。生长期每隔 10 天用 1：200EM 液喷淋一次（需 EM 液 5~6 千克）	
花木果树	用 1：100EM 液浸泡根或切口 1~2 小时。每 667 米^2 用 EM 液堆肥 500~1000 千克施入种植穴（需 EM 液 5~10 千克）。每月 1~2 次按 1：100EM 液喷洒或根淋（需 EM 液 5~10 千克）	
甘蔗	蔗种处理：埋种前用 1：200 的 EM 水溶液浸泡蔗种 20~30 分钟，或者埋种时直接用 1：200 的 EM 液生物菌肥稀释液浇淋蔗种后盖土 EM 生物菌稀释液喷施： 喷施量：2 千克 EM 生物菌肥每次每 667 米^2 用水 200~400 升 喷施方法：收蔗时应及早喷施一次，这样有利于宿根抗霜冻和防止病虫害，对来年生长有重要意义 蔗苗高 30~50 厘米后，喷淋一次，分蘖期喷淋一次，剥叶后再喷淋一次。喷淋次数越多越好，但如无条件，至少应保证分蘖期这次的喷淋 剥蔗叶时，可将蔗叶切碎放入密封容器中或大池中，用 EM 稀释液层层喷淋润湿均匀。密封 7~10 天后，放出浸泡蔗叶的液体喷淋甘蔗，对提高甘蔗含糖量及抗病防虫害能力效果更佳 施肥有条件宜进行堆肥制作及使用 每 667 米^2 参考总用量 6~10 千克 EM 液	用 EM 生物菌种植甘蔗与目前常规种植法相比之优点及经济效益有： 与目前常用的化肥、农药、植物生长调节剂相比较，其优点是可以提高甘蔗的糖分含量和产量，促进蔗田土壤团粒化，增加保水量，提高肥料利用率，提高光合作用能力，促进甘蔗拔节快长，抑制杂草生长，防止病虫害发生，减少农药用量 EM 生物菌肥是一种"活"微生物制剂，施用见效后其作用将是持续的、长久的，可使化肥用量逐年减少，农药用量可减少 1/3。甘蔗发芽率达到 100%，幼苗发病率下降 80%。每 667 米^2 可增产 500 千克左右，增加糖分含量 60%左右

(二)健壮液堆肥制作技术要领

按 1∶100～150 的比例,先将健壮液用适量的水或者腐熟粪水与农家肥(指猪栏粪、禽粪、秸秆、杂草、树叶、垃圾等)拌匀,以湿润农家肥为宜,即用手捏可捏成球但不出水,不能过干或过湿,然后堆至 80 厘米高,稍压实后防雨堆放沤制 7～10 天即可使用,但以堆放 1～3 个月后使用效果最佳。

堆放 7～10 天的健壮液堆肥可以作基肥,适用的农作物有水稻、甘薯、甘蔗、果树、甜竹等。堆放 1～3 个月的肥料适合于所有农作物作基肥。

注意事项:堆放发酵温度不能高于 40℃,否则健壮液中的活菌会死亡。温度高于 40℃时,要翻匀重新堆放。堆肥表面出现白色菌丝时应再翻匀封盖。

(三)使用健壮液菌肥注意事项

其一,健壮液菌肥不能与具有杀菌作用的化学肥料混合使用,更不能与农药混合使用,但可以错开 5～7 天使用。

其二,叶面施肥时,幼苗期宜次数多、浓度低(1∶250 倍以上)。

其三,一般作物使用健壮液菌肥总量为每个生产周期每 667 米^2 6～10 千克。达到此用量,使用化肥量可酌情减少 1/3,且有一定的抑制病虫害的作用。为保证高产,如果土壤肥力不高也可不减少化肥使用量,以保证土壤有足够的肥力。

其四,健壮液菌肥真正发挥效力,必须依赖于有机肥料,健壮液菌肥是促进有机肥腐败分解。在使用健壮液菌肥时,一定要保持一定量的农家肥配合使用。

其五,使用健壮液堆肥作基肥数量不足时,可添加其他农家肥,以保证作物有足够的基肥。

其六,喷淋施用应选择阴天或晴天的傍晚进行。

其七,健壮液菌肥应存放在阴凉干燥处,且要密封好。

(四)在种植方面的试验建议

1. 水稻 为检验健壮液活菌剂是否具有促进水稻生长、提高单产、改良品质、减轻寒露风影响的作用,可选定 3.3 公顷(50亩)左右晚稻进行试验。要求设对照。对照与试验田管理、施肥按常规,但试验组增加健壮液活菌剂使用内容。具体操作方法如下:

结合耕田追肥,每 667 米^2 用 6~8 千克健壮液直接泼洒田间。为泼洒均匀,可适量稀释后再泼洒。泼时注意只灌少量水,泼后堵塞好进出水口,以免健壮液流失。

在水稻拔节期、孕穗期和灌浆期,分别用健壮液稀释 100 倍液,喷施叶面 1 次。如果属于稻瘟病、纹枯病、赤枯病发病区,可以用健壮液稀释 50~100 倍防治。

2. 蔬菜 健壮液对花椰菜、蕹菜、萝卜、南瓜、冬瓜等数十种蔬菜有促进生长、提高产量、改善品质和改良土壤的作用。试验时,可依据品种不同选用不同的试验方法。例如:

①短期内采摘的叶菜类蔬菜,在淋水时按 1∶100~200 稀释后泼洒,泼洒 3~5 次。另用 1∶100 稀释液喷雾叶面 2~3 次。可与其他施肥同时进行,如加粪水和尿素、硫酸铵等淋施,加尿素作叶面肥等。但忌与碱性肥料如氨水、碳铵同时使用。

②萝卜等块根类蔬菜,苗期用 1∶100~150 倍稀释液追肥 1~2 次,块根膨大期(前期施用效果更好)用 1∶100 倍稀释液再喷淋一次。如施其他肥料,可同时进行。

③茄科(番茄、辣椒、茄子)蔬菜可于苗期、生长期用 1:100 倍稀释液淋施多次,其中于苗高 30 厘米后喷雾 1~2 次。开花挂果后再喷雾 1 次,以后每采一次果喷雾和淋施 1 次。如果出现病症,可用健壮液稀释 50~100 倍喷雾防治。

④瓜类可于苗期和生长期淋施 2~4 次,稀释 100~150 倍。其间可喷雾叶面一次,开花结果后可再喷淋一次。

蔬菜试验,每茬每 667 米^2 用健壮液总量控制在 20 千克左右。

3. 花卉 按常规管理。在浇花时,用 1:50~150 倍稀释液淋施、喷雾。第一次淋施可用 50 倍稀释液,以后均可以 150 倍液喷淋。

4. 健壮液在果树方面的应用 用 1:100 倍的健壮液稀释液喷洒杨桃、芒果,不但可防止落果,而且果大、少病、树势旺。也是龙眼、荔枝的优良保花、保果剂。

5. 健壮液 1 号用于根灌种植蔬菜 可提高土壤肥力,促进发芽、生长、开花、结果,提早采收、延长采收期、提高早期产量和总产量,改善品质、提高商品性,防治病虫害,减少农药用量,减少污染。增产 20%~80%。使用方法有浸种法、根灌土壤法、堆肥法和喷施法。

(1)浸种法 取健壮液原液直接稀释 1 000 倍,一般浸种 0.5~1 小时,种皮厚或渗透性差的需延长时间。

(2)根灌土壤法 取健壮液原液直接稀释 500~800 倍,每 667 米^2 每次用 0.2~0.5 千克,随施基肥或浇定根水时施入。

(3)堆肥法 用秸秆、饼肥等农家肥,每吨干料取健壮液:红糖:水 = 1:1:500 的比例混合稀释液 300~400 千克,充分拌匀、摊平,用塑料薄膜密封后在 35℃以下发酵 7~10 天即可。

温度低时发酵时间需延长。发酵后与有机肥合用作基肥。

(4)喷施法 取健壮液原液直接稀释500~800倍,每667米^{2}每次用0.2~0.5千克,从幼苗期始,直接喷洒叶面,10天1次,共3~5次。

六、FJC-健壮液2号在畜禽养殖上的应用

(一)FJC-健壮液2号在畜禽养殖中的使用总则

将2号健壮液添加在畜禽饲料与饮水中,可增强畜禽的免疫力,提高成活率,并能降低生产成本,提早出栏,改善产品质量(肉更鲜嫩),提高商业价值。若用一定浓度的2号健壮液喷洒畜禽皮毛,能使皮毛光滑亮泽。因2号健壮液能很快降解氨氮与硫化氢,用于喷洒厩内畜禽粪便,可迅速减少臭味,改善环境。

1. 用于畜禽厩内的消毒与除臭 先用2号健壮液的100倍稀释液(2号健壮液:清水=1:100)作环境喷雾消毒。或者使用以下方法,也可达到同样的目的。

一是健壮液加糖蜜加水,其比例为1:1:200,配制方法同稀释液配制方法,使用量为每667米^{2}用1~2千克健壮液原液。喷洒周期:发病季节10~20天1次,平时1个月1次。夏季可直接喷洒到动物身上。干燥季节增加使用次数,潮湿季节适当减少。

二是用健壮液发酵物铺垫畜禽养殖圈舍。用锯末、米糠、秸秆粉等少量精料发酵制成健壮液发酵物。其制作方法与饲料发酵的方法相同。1米^{2}的圈舍用一把,均匀撒到地上即可。间隔时间初始1~2周1次,如果环境已有改善,施用周

期可加长。此发酵物被畜禽吃掉也无害。

三是可用 2 号健壮液 100～200 倍稀释液,喷在畜禽厩栏中的粪便上,能有效减少恶臭味。同理,也可用于厕所除臭、垃圾除臭、污水处理等环保工程。

2. 用于畜禽饮水 把健壮液稀释液(1:100～500)直接加入水槽即可。幼畜禽进栏第一天,用 2 号健壮液的 500 倍稀释液作饮水,任其自由饮用 1 天,如果发现畜禽腹泻,就停止使用 2～3 天,然后再按原来的稀释倍数任其自由饮水 1 天,如果未发现畜禽腹泻,那么第二天就按 1:400 倍的健壮液稀释液任其自由饮水 1 天,如果发现畜禽腹泻,就停止使用 2～3 天,然后再按原来的稀释倍数让其自由饮水 1 天,如果未发现畜禽腹泻,那么次日就按 1:300 倍的健壮液稀释液任其自由饮水 1 天,如果发现畜禽腹泻,就停止使用 2～3 天,然后再按原来的稀释倍数任其自由饮水 1 天,如果未发现畜禽腹泻,那么次日就按 1:200 倍的健壮液稀释液任其自由饮水 1 天,如果发现畜禽腹泻,就停止使用 2～3 天,然后再按原来的稀释倍数任其自由饮水 1 天,如果未发现畜禽腹泻,那么次日就按 1:100 倍的健壮液稀释液任其自由饮水,直至畜禽出栏。因健壮液不能与抗生素混用,故畜禽用抗生素期间,可暂停使用 2 号健壮液。

3. 用于畜禽饲料 用未喷过农药的喷雾器,装入 2 号健壮液的原液,以 2 号健壮液:饲料 = 1:100 的用量喷在饲料上,拌和均匀再喂畜禽。注意,不能用市售饲料,因其中含抗生素。饲料可按以下方法配制:玉米粉 40%～50%,麦麸 30%,米糠 18%～28%,花生麸或豆饼、鱼粉 2%。食草为主的畜禽,可在晾干的草、菜叶上喷 2 号健壮液的原液,边喷边拌和,以表面略湿为度。对鸽子等飞禽,可直接将 2 号健壮液原液喷或拌和在玉米粒、黄豆粒、绿豆粒或麦粒上,比例仍是2号健壮液:饲料=1:100。

4. 用于畜禽体表 夏季可用2号健壮液200倍稀释液,隔几天适量喷在畜禽身上,能使畜禽皮毛光亮。天冷时慎用。

注意:健壮液中白色悬浮斑点是好东西——营养物质,不是发霉的表现,千万勿因此将健壮液倒掉!另外,健壮液的pH值较小,即偏酸一点,这是质量好的表现,使用效果会更显著。

(二)FJC-健壮液在养殖业上的使用方法

1. FJC-健壮液在畜禽养殖上的应用 见表5-3。

表5-3 健壮液在畜禽养殖上的应用

类别	使 用 方 法	备 注
禽类	改善环境:按1:100EM液对禽舍进行喷洒,每隔7天1次,直至恶臭消除 饮水:1:100EM液供禽类饮用,水质以井水为好 饲料喂养:将EM发酵饲料按总喂料量的5%~20%掺入喂养	应用于畜牧业上,可以明显改善动物胃肠系统功能,有利于对饲料的消化吸收,同时抑制有害菌体生长,明显改善饲料环境,从而最大限度地促进畜禽生长。它不含任何化学物质,无毒、无害、无副作用,不污染环境,因而引起世界各国的高度重视
畜类	改善环境:按1:100EM液对畜舍进行喷洒,每隔7天1次,直至恶臭消除 饮水:按1:100EM液供畜类饮用,水质以井水为好 饲料喂养:将EM发酵饲料按总喂料量的5%~20%(小猪5%,中猪10%,大猪20%)掺入喂养	

注:若不喂EM发酵饲料,单用EM饮水也可达到一定的效果,但饮水时EM液浓度要提高

发酵饲料的配方,可按地区不同而变通,如用米糠40%、玉米25%、鱼粉10%、豆饼5%、麦麸20%,共计100千克,然后按糖蜜1千克,EM液2.5千克(先用温水将糖蜜化开,待温

度降至40℃以下时,倒入EM液拌匀,存放12~24小时),加适量水与上述饲料拌匀,装缸稍压实后密封即可。

2. EM发酵饲料的配制和使用方法

(1)制作EM发酵饲料的原料　因养殖对象不同,所需饲料组成不尽相同,但都可制作EM发酵饲料,最好是用自己配制的饲料。从市场上购买的饲料,如果饲料中没有抗生素药物成分,也可制作EM发酵饲料。饲料的组成应因地制宜,以达到有效养分充足为目的,以降低饲料成本为原则,以提高综合经济效益为宗旨。见表5-4。

表5-4　EM发酵饲料配比

项目	原料	用量(千克)	备注
养猪	米糠	40	不同地区、不同季节,饲料可酌情配比。水的用量要根据饲料含水量的大小进行调整。喂养一头猪出栏需EM液至多2.5千克 简单配法:50千克糠配1.2~1.5千克EM液,0.5~0.75千克糖蜜,用15升温水(低于35℃)拌匀后,发酵5~7天出曲香味后,掺进喂猪饲料中,掺和比率视猪大小为5%~20% 其他养殖可参照试用
	玉米粉	25	
	花生饼	20	
	麸皮	15	
	糖蜜	1	
	EM液	2.5	
	水	35左右	
养鸡	玉米粉	100	
	糖蜜	1	
	EM液	2	
养鱼	鱼料	100	
	糖蜜	1	
	EM液	1.5	

注:糖蜜是制糖过程中的中间产物,不是蜜糖(蜂蜜)。若没有糖蜜,可用适量的红糖水(红糖:水=1:1)代替

(2)制作方法　步骤如下。

①把配好的饲料在水泥地上摊开,摊薄摊匀。

②用少量40℃左右温开水把糖蜜溶解,然后加少量冷水稀释,使温度降至35℃以下。

③在上述稀释液中加入EM,然后加水稀释至规定的量,充分搅拌均匀,制成EM稀释液,然后泡留12~24小时。

④将EM稀释液均匀地倒在摊开的饲料上,同时调和均匀,水分控制在30%~35%(目测估计,以用手握一下,无滴水但基本成团,手松开后能自然散开为标准)。水分过多会使发酵失败。

⑤少量制作时,把拌匀的饲料装入稍厚的塑料袋或缸等容器内,稍压实密闭嫌气发酵即可。

大量制作时,可用大的容器或建发酵池。一定注意密闭发酵,严防空气进入。粗饲料组成多的饲料,一定要压实。

(3)发酵时间、温度及注意事项　发酵的时间、温度及密闭条件,是发酵成功的关键,必须严格把握。发酵时间夏季为3~5天,冬季为7~10天。发酵温度,在嫌气状态下,一般常温0℃~40℃即可,最佳温度为25℃左右。冬季注意防止结冰。发酵过程中要防止空气进入,否则成为好气发酵。好气发酵饲料温度会上升,若升至40℃以上时,需摊开降温,然后再装入密封容器发酵。判断发酵成功的方法是:发酵物有酸、甜、香的发酵味,接触空气后有白色短菌丝形成;如果是腐败味,说明已变质,发酵失败。

发酵好的饲料在不解除密闭状态的情况下,夏季可存放2周,冬季可存放2个月。若长时间存放,可把发酵好的饲料摊在水泥地上晾干,水分降至10%~5%,可密闭保存半年。

(4)使用方法　将EM发酵饲料按总喂料量的5%~20%掺入喂养。以猪为例,小猪掺5%,中猪掺10%,大猪掺20%。

(三)在养殖方面的试验建议

1. 养鸡(鸭、鹅) 健壮液对养鸡具有特别的意义。一是可改善饲养环境,减少养殖场所臭气;二是可增强幼禽免疫力和抗病性,提高成活率;三是可降低饲养成本,减少投入;四是可改善产品品质,提高产品的商业价值。

试验可选择两个场同时进行。每个场试验鸡应在500~1000只。同时设对比。管理与防疫办法相同,试验组增加使用健壮液。试验前随机分组点数、试验结束点数、称重作对比。试验使用健壮液方法有两种,可分别采用或同时使用。

第一种方法:先用100倍稀释液对环境喷雾消毒。然后于雏鸡进栏第一天,用500倍稀释液作饮水,任其自由饮用1天,从其适应日起,每天用100倍稀释液作饮水,自由饮用直到出栏。途中如果发现个别腹泻或患有球虫,应加大用量,改用50倍稀释液作饮水,连喂2~3天,如果不能控制则用抗生素治疗。用药期间停喂健壮液饮水。此外,为提高应用效果,可用喷雾器将活菌剂健壮液原液(不稀释)直接喷雾于饲料上再喂。喷雾量每50千克饲料喷1~1.5千克,即喷即喂。

第二种方法:①先用100倍稀释液消毒环境。②用健壮液与饲料发酵后添加饲喂。方法是:先将糖蜜1份加水35份稀释,再添加健壮液2份,待充分搅拌均匀后与100份的饲料混合均匀。混合后的饲料含水量以手握能成团又不出水为宜。最后将混合后的饲料置密封容器中密封发酵5~7天,至有酒曲香味即可。饲喂时,在日粮中添加发酵饲料10%~20%即可。此法优点是作用明显,节约饲料和投资,但操作较麻烦,用工多,一般不愿意采用。

2. 养猪 健壮液对养猪意义很大,既可改善饲养环境,减少臭味,又可降低幼畜发病率,同时可降低生产成本,提早出栏5~7天,且对猪肉品质有改善。

试验可选择两个养猪场同时进行,每个场供试猪应不少于20头,同时设对照。管理方法相同,试验组增加使用健壮液。试验前,先点数称重,记录在案,试验结束时再称重,以期印证。

试验组使用健壮液,方法有两种,可任选一种,也可两种兼用。

第一种方法:①消毒同养鸡。②每天于饲料中添加健壮液40~60克饲喂。小猪至中猪阶段,每天40克,可一餐投料喂食;中猪至大猪出栏,每天50~60克,一餐加入。

第二种方法:①消毒同养鸡。②发酵饲喂,方法同养鸡。③另用1:200倍稀释液喂水,如嫌麻烦也可不喂稀释液,只喂清水。注意,发酵用饲料不能用市面所售全价饲料,因其含抗生素,可改用以40%玉米、30%麦麸、18%米糠、20%花生饼(或豆饼、鱼粉)等配成的饲料。

3. 养兔 用健壮液养兔,其作用是:能提高兔的免疫力和抗病性,减少胃肠疾病发生,皮毛光滑,生长健壮,商品价值高,肉质也较好,同时除臭而减少环境污染。使用健壮液后兔粪肥分提高。

试验可分两组进行,每组应不少于10只,最好是30只一组。同时设对照组。管理方法相同,试验组增加使用健壮液。

试验方法:①用100倍稀释液泼洒消毒兔舍,喷雾亦可。②在精料中喷雾健壮液后再喂,喷量为每千克饲料喷30~50克,即喷即喂。③如果出现胃肠病,可单独每只兔1次灌服10克,连续2~3次。④在晾干的草、菜叶上喷健壮液原液饲喂,喷量以略湿即可。

4. 养羊 养羊使用健壮液,一是可减少羊只疾病,二是促进生长育肥,三是改良产品品质,四是改善环境,五是降低饲养成本。

可选用10只羊进行,并选对照羊10只进行比较。管理相同,试验组添加健壮液。

试验方法:在试验羊的饮水中按1:500至1:100逐渐加浓健壮液,同时在试验羊的精料和饲草中喷雾健壮液原液,用量以每只羊每天30~50克即可。羊舍消毒除臭同养鸡、养猪,使用次数一般半个月至1个月1次。

5. 健壮液2号在畜禽方面的几种应用方法 采用以下方法,可提高饲料转化利用率,促进生长,降低料肉比,降低饲料成本,缩短存栏时间,提高畜禽免疫功能,减少疾病发生,提高成活率,改善畜禽产品的质量。

(1)饮水法 取健壮液原液稀释300倍,喂水时上、下午各1次。

(2)拌料法 将健壮液原液用温水(35℃以下)稀释100倍拌入饲料,占饲料量0.4%,随制随喂,使用期不超过2天。

(3)制作发酵饲料法 占饲料量0.5%,按健壮液:红糖:水=1:1:100配制成健壮液稀释液,加入饲料搅拌均匀。水分要求以用手抓握能成团,但不出水,落地自行散开为度(水分不足另加)。将搅拌均匀的料装入泥池或缸、桶、塑料袋中密封发酵。发酵好后,饲料具有甜、酸香味。发酵时间夏季3~5天,冬季7~10天。开封后的料应尽快用完,且每次取用后要重新密闭好。如果发生霉变,为降低饲料成本,可加入20%左右的草粉或粗糠等再次发酵。

(4)喷洒圈舍 按健壮液:红糖:水=1:1:1000配制成健壮液稀释液,对圈舍(包括地面、墙壁、排粪尿沟等)进行喷洒。

初期每周喷1次,有效后半个月喷1次。

(5)注意事项　本产品开封后应尽快使用。保存于阴凉处。液体出现浮游物或沉淀物属正常现象。如有恶臭味时,应停止使用。用井水或雨水稀释最好。

因抗生素能杀死健壮液中的活菌,因此健壮液忌与抗生素同用。市售饲料中含有抗生素,因此若用健壮液,需自己配制饲料。

七、FJC-健壮液2号在水产养殖上的应用

(一)FJC-健壮液2号在水产养殖上的应用总则

1. 适用对象　2号健壮液适用于海水或淡水养殖,养殖种类有鱼、虾、蟹、鳖、鳗、贝等。

2. 使用作用　2号健壮液用于水产养殖,具有强化水中和低质有机物质的循环,消除水中氨氮、硫化氢和其他有机物,促进浮游生物生长,增加水中溶解氧,改善池水水色。健壮液中的各种有益细菌,菌体含有丰富的蛋白质、多种维生素及生物活性物质,营养丰富,无毒,易消化,是优良的饲料添加剂。在鱼、虾、蟹、鳖、鳗、贝的饲料中合理添加2号健壮液,可改善饲料的适口性,饲料利用率提高10%～15%,既能减少饲料用量又能促进鱼、虾、蟹、鳖、鳗、贝的生长;并能抑制池塘中其他有害病菌的生长繁殖,且鱼、虾、蟹、鳖、鳗、贝摄食2号健壮液的有益细菌后,能增强自身免疫力与抗病能力,减少病害发生,提高成活率。结果,能增产20%以上,产投比高达5～10:1。

3. 使用方法　不同用途,使用方法不同。

(1)用于净化养殖水水质 ①一般一个养殖周期(造)泼洒2号健壮液6~8次,每667米²共需30~40千克。②于清池后、肥水前,按每667米²5千克用量将2号健壮液拌于沙土中,均匀撒于池底。若能播埋在池底3厘米左右深处,效果更好。然后立即纳水。③日常净化水质时,可选择晴天的上午,按每667米²5千克用量,将2号健壮液用池水稀释15~20倍后,均匀泼洒在池水中。④通常放苗后20天泼洒1次2号健壮液,隔10天再追洒1次,以后每半个月泼洒1次,每次每667米²用5千克。也可据当时实际情况使用,即水质尚好时,可每月泼洒1次。如果天气较热,水质变差,可每半个月泼洒1次;如果水质不好,有鱼、虾等浮头现象,可每隔10天泼洒1次;如果水质严重恶化(变黑、发臭),可连续使用3天,待水色转绿后每隔7天使用1次。2号健壮液为有益细菌,用量多了有益无害。

(2)用于鱼虾蟹等育苗期开口饵料 用2号健壮液拌饵喂饲后,仔鱼、仔虾在显微镜下可见红色消化道。

在鱼、虾、蟹等产卵后,立即按每立方米水体7~8克的用量将2号健壮液洒入育苗池(即若池水深1米,则每平方米水面加7~8克2号健壮液),以后随换水随补充,每2~3天每立方米水体加2.5~3克,使2号健壮液在池水中的浓度保持在每立方米水体7~8克。其他养殖方法及浮游生物饲喂量可按常规。

(3)用于鱼虾蟹等合成饵料添加剂 择当天要喂的其中一餐饵料,将2号健壮液按饵料量3%的比例,喷于饵料上,拌匀即可投喂。投喂时间一般在早晨,但虾的投喂时间以18:00~20:00为宜。

(4)用于防治鱼病 用池水稀释15~20倍的2号健壮液

浸泡病鱼,经 10~15 分钟后,放回已投放本品的鱼池中。

(二)在水产养殖方面的试验建议

1. 养淡水鱼 养鱼使用健壮液,一是可以改良水质,解决因污染和溶氧不足造成死亡率高的问题;二是促进水体中小型生物繁殖,供鱼食用,节省饵料;三是减少疾病,降低死亡率;四是促进生长,提高单产。可选择 1~2 个鱼塘进行,面积不宜太大,一般以 0.67~1.3 公顷(10~20 亩)为宜,并设对照。如果不设对照,可以历年情况为对照。管理方法照以往不变,仅增加使用健壮液。

使用方法:第一次每 667 米^2 水面(水深 1~1.5 米)泼洒 5 千克健壮液,半个月后减半泼洒一次,以后每隔 20 天左右泼洒一次,用量均为第一次的一半。另用喷雾方式将健壮液原液直接喷雾于饵料上再投喂,用量为每 50 千克饵料喷 1.5 千克健壮液。如以猪粪、鸡粪、鸭粪投喂,可用健壮液 2%喷雾其上,盖好尼龙薄膜,发酵 5~7 天再投喂。

2. 养殖对虾 虾苗孵化,从无节幼体至仔虾的育苗期中,由于开口饵料常用牛奶、豆浆、蛋黄等富营养物质,对水体污染十分严重,致大量幼体虾死亡,损失甚大。当仔虾在高位池或低位池中人工养殖时,也经常被残饵、粪便等污染,使池底淤积大量有机物,水质迅速变坏,引起对虾断须、烂眼、荧光、红腿、黑鳃、黄鳃,暴发性流行病和大批浮头或死亡。目前传统的办法是在池水中撒一定量的漂白粉、生石灰与抗生素等,并频繁换水,但作用不大。而且由于频繁换水,还会给池内对虾带来病害。因此,现在对虾养殖专业户是靠天吃饭,产量波动达几十倍,甚至绝产。其原因是被污染的水助长了弧菌、荧光菌、气单胞菌、真菌和病毒的滋生,水中氨氮、硫化氢增加,溶解氧减少,危害了对虾从孵化至成虾的整个繁衍过程的正常生长。可见,必须尽快研制出一种特效物质,它能优化水质,杀灭或抑制有害细菌、病毒,消除水中氨氮、硫化氢,增加溶解氧,保证对虾正常生长和优质、高产,这亦是广大对虾养殖户的迫切愿望。我们花了十余年时间研制成功的"健壮液"优势菌群,正是这样的一种物质。

(1)添加健壮液对草虾、白虾苗种存活率及生长周期的影响 见表5-5。

表5-5 添加健壮液对草虾、白虾苗种存活率及生长周期的影响

虾 种	池 别	存活率(%)	生长周期(天)
草 虾	对照池	30.6	22.5
	试验池Ⅱ	33.6	22.0
	试验池Ⅲ	35.8	20.5
白 虾	对照池	39.2	22.0
	试验池Ⅱ	42.9	21.5
	试验池Ⅲ	45.6	20.0

①添加健壮液的试验池Ⅱ、试验池Ⅲ的存活率明显高于对照池,其中白虾试验池Ⅲ比对照池产量提高6.4%,也就是试验池Ⅲ白虾苗净增6.4万尾,按最低市价每尾0.015元计算,则增加收入960元,而使用健壮液的费用仅为80元,可见经济效益明显。另外,生长周期明显缩短约2天,不但节约了饲料费、药费、用工费、水电费等和提高了育苗设备的利用率,而且虾苗质量也高于对照池。

②育苗周期的缩短,还表现在同一时间幼体虾所处的阶段不同或同一阶段幼体虾所占比例有差别。如白虾试验池Ⅲ大多数幼虾已处于蚤状幼体Ⅱ期,而对照池只有少数处于蚤

状幼体Ⅱ期,大部分还处于蚤状幼体Ⅰ期。同时还发现,对照池、试验池在蚤状幼体期存活率都相对较低。此时期幼体体型纤细,对环境适应能力差,并且幼体正处于食性转换,是一个比较脆弱的阶段,分池、换水、清除池底污物、搬池等工作均不宜进行,所以应加强管理,尤其注意"拖粪"情形并采取相应措施。此时期如果管理得当,在很大程度上能保证对虾苗的高存活率。

③在育苗池中接种的光合细菌等活菌,能迅速分解水中氨氮、硫化氢、酸类等有害物质,可去除水中大多数有机污染物,使育苗池水体水质得到改善,达到健康育苗(表5-6)。同时,活菌是优良的饵料添加剂,能提高饵料利用率,增强幼体虾体质,减少虾病的发生。用FJC-2号健壮液拌饵料喂饲后,仔虾在显微镜下可见红色消化道,提高了无节幼体的成活率。

表5-6 8月5日白虾对照池与试验池Ⅲ水质变动因子比较

池　别	pH值	NH_3-N(毫克/升)	NO_2-N(毫克/升)
对照池	8.0	0.850	0.080
试验池Ⅲ	8.1	0.540	0.050

④NO_2-N对斑节对虾仔虾存活率的影响。按等对数间距法设计NO_2-N浓度序列进行生长实验,探讨NO_2-N对草虾虾苗存活、生长的影响。由试验可知,糠虾Ⅰ期(M1)及仔虾Ⅰ期(PL1)的存活率、蜕皮、体长增长幅度等随NO_2-N浓度的升高而降低。

从NO_2-N浓度为0、0.536毫克/升、1.076毫克/升三组来看,M1的存活率分别为92.5%、82.5%、36.5%;PL1的存活率分别为71.5%、48.0%、10.0%。经Q检验,NO_2-N浓度与M1、PL1的存活率相关达到极显著水平($P<0.01$)。

(2)健壮液作为饵料添加剂,能使养殖对虾优质高产的机制　健壮液是优势菌群,在养殖池中加入一定量后,能强化水中和低质有机物质的良性循环,消除水中氨氮、硫化氢。同时它又是一种强势竞争菌,在养殖池中,可以吃掉弧菌和抑制其他有害菌种与病毒的生长,如控制引起赤潮的纤尾虫与发光生物等和杆状病毒的发生,并可加速水中有机质的分解,促进浮游生物生长,抑制有害藻类形成,消除水华,提高水的透明度,增加水中溶解氧,改善池水水色,减少换水次数。健壮液中的各种有益细菌,菌体含有丰富的氨基酸、核酸及其他蛋白质,还有多种维生素及生物活性物质,营养丰富,无毒、易消化,是优良的饵料添加剂和育苗期的开口饵料。在对虾养成期全程投喂的饵料中合理添加健壮液,可改善饵料的适口性,提高饵料利用率10%～15%,既能减少饵料用量又能促进对虾的生长;且对虾摄食健壮液的有益细菌后,能增强自身免疫力与抗病能力,减少病害发生,缩短了养殖期,提高了成活率。结果,能增产10%以上,产投比达6:1以上。冬季由于虾价上涨,此比例会更高。

从上述可推知,健壮液亦适用于海水或淡水水产的优质、高产养殖,适用对象有鱼(如多宝鱼)、虾、蟹、鳖、鳗、鳝、贝等。

八、FJC-健壮液2号在环保上的应用

(一)用于公共厕所环保

公共厕所使用健壮液,主要是用于除臭、灭蝇。除臭的方法是每天用健壮液稀释液喷雾厕所。初始稀释比例为1:100,连续3天,每天2次;以后每天1次,稀释比例为1:150。

对粪坑中的蝇蛆,可采用一次性投放健壮液进行灭除,每立方米粪水投放 0.5 千克健壮液原液。经健壮液处理后的厕所,臭气减少,苍蝇减少(逐渐减少,并不是使用第二天就见效),一般传染病病原亦会减少,肥料肥分却大大提高。

(二)用于垃圾处理

用健壮液处理垃圾,主要是除臭,减少疾病传染源。可选择一农贸市场进行。每天由清洁员打扫卫生后,地面上用喷雾器喷雾健壮液稀释液一次,稀释比例为 1:100。垃圾则喷雾原液,除臭用量视垃圾干湿度而定,过湿则少喷,过干则多喷。堆放垃圾的地方应予压实,这样效果更好。具体操作视现场情况制定具体方案。

九、健壮液应用效益与实例

(一)健壮液应用效益

广西壮族自治区推广应用 EM 技术取得显著成效。据《广西经济信息报》1997 年 8 月 31 日报道,广西壮族自治区推广应用 EM 技术在种植、养殖业和工业废水处理等方面取得重大成果。

1. 在种植业方面 1994 年,该区引进 EM 液技术,首先在种养业推广实验。经在大豆、玉米、水稻、甘蔗、柑橘、茶叶、木薯、西瓜、芒果、白菜等农作物上推广实验表明,使用 EM 液技术具有显著效果。田阳县科委组织实验种植的玉米,单产比在同样条件下未使用 EM 液技术种植的增产 50%。上林县西燕乡甘蔗种植承包户在 7.2 公顷甘蔗地里进行健壮液应用技术试验,结果比对照田增产22%,甘蔗糖分含量也有一定提高。

2. 在养殖业方面 该区进行了养猪、养鱼、养鸡等实验,有效地提高了营养吸收转化率,消除了排泄物的恶臭,改善了环境条件,提高了抗性,减少了疾病,降低了死亡率,提高了畜禽的出栏率,经济效益有了显著的提高。据了解,柳州地区进行养鸡实验,30日龄的鸡每只增加经济效益1元钱左右。国有明阳农场应用EM液技术进行养猪对比实验,实验猪料肉比为2.87∶1,对照猪料肉比为3.20∶1,效果明显。荔浦县2 000个养猪专业户通过应用EM液技术,每头肉猪平均增加经济效益50元,每头仔猪增加效益10元,猪出栏率有了显著提高。

3. 在工业废水处理方面 利用EM液技术处理工业废水,收到了较为理想的效果。明阳农场淀粉化工总厂是个年产5万吨木薯淀粉和1.5万吨酒精的工厂,是我国目前最大的一家变性淀粉厂。该厂每天排放工业污水9 000吨,化学需氧量和生物需氧量每升水分别高达9 000毫克和5 000毫克,污水臭味刺鼻。经用EM液技术处理20天后,臭味全部消失,化学需氧量和生物需氧量分别降至每升水2 727毫克和1 400毫克,去除率为65.4%和70%,使这个淀粉厂的工业废水达到了国家规定的排放标准。经来自全国的有关专家鉴定,一致认为这项成果属国内首创,居于木薯淀粉酒精厂污水治理的国内领先水平。

(二)健壮液应用实例

1. 用健壮液养猪的实例 实行科学养猪,提高养猪生产水平,必须根据猪的生物特性和不同生长阶段的生理特点,有针对性地采取有效的饲养管理和护理措施,在按猪的营养、需要喂给全价日粮或自家饲料的基础上,搞好饲养管理,才能获得预期的效果。

健壮液饲料对于配合饲料或自家饲料的饲养效果有明显的促进作用。健壮液饲料是为了特定目的向配合饲料或自家饲料添加的物质,它或者是具有生物学活性,或者是可以提高或改进饲料效用。它的添加量很少,一般按配合饲料最终品的1%的量计算,在添加操作时要特别仔细。应用的养分浓度及方法如下。

其一,使用健壮液之前应先用100倍稀释液喷雾消毒环境,创造和保持良好的环境,保持猪舍内清洁、干燥。冬季注意保暖,夏季注意防暑降温。

其二,每天于饲料中以2%~3%(体重60千克以上猪用量)比例拌入配合饲料(指干粮饲料)或用喷雾法拌入饲料中。如用自家饲料,每次饲喂时应增加25克花生饼。

其三,夏季天气炎热,气温较高,应用1:200倍稀释液供猪自由饮用。若用外购的配合干饲料(全价日粮)饲养,也应该按1:200倍健壮液稀释液供猪自由饮用。

其四,每隔半个月左右应用1:100倍稀释液喷猪身(毛),使之光亮。

其五,饲养肥育猪应采用"健壮液"肥育法。采用这种肥育法,应将肉猪整个肥育期按体重分成3个阶段。即前期20~60千克,中期60~125千克,后期125~150千克及以上。根据肉猪不同生长发育阶段对营养需求的特点,采用不同营养水平的饲料和不同的饲喂技术。一般是从肥育开始至结束,始终采用较高的营养水平,但在肥育后期,应适当限制喂量或降低饲粮能量水平,防止脂肪沉积过多,以提高胴体瘦肉率。健壮液肥育法,日增重快,肥育期短,一般从体重20千克起采用健壮液饲养,180天体重可达到150千克左右,因而出栏率高,经济效益好。

其六,适宜的饲喂次数。试验结果表明,在相同营养水平和饲养管理条件下,不同的饲喂次数,肉猪日增重没有显著差异,日喂2次和3次的每增重1千克,饲料消耗无显著差异。饲养肉猪普遍日喂3次,有不少农户采用日喂2次也是比较适宜的。每日喂2次的时间安排是清晨和傍晚各喂1次,原因是傍晚和清晨猪的食欲较好,可多采食饲料,有利于增重。

由于猪体的各种生理功能和生产活动对能量和营养物质的需求量差异颇大。前期,猪贪食,营养需求量大,但胃容量小,排空快,所以要少量多餐,一般每天饲喂5~6次,健壮液饲料养分浓度也应适当降低。在饲养开始几天,若猪排稀粪,说明所加健壮液浓度过大,应暂停几天后再适当降低浓度饲喂。中期,猪生长发育快,胃容量增大,营养需求量大,一般每天饲喂3~4次。后期,一般每天饲喂2次。

其七,猪的肥育期,前期即20~60千克体重时,健壮液按1:800的比例拌入自家饲料中;中期即61~125千克体重时,健壮液按1:600的比例拌入自家饲料中;后期即126~150千克及以上体重时,健壮液按1:500的比例拌入自家饲料中。

自家饲料成分配比:以木瓜、南瓜、野菜、蕹菜、米糠、剩饭、麦糠、番薯、木薯、番薯叶等为主,以花生饼、鱼头粉、黑豆少量加入其中。按以上比例加入健壮液。一头猪一生仅需健壮液2.5千克左右。

其八,试验结果,见表5-7,表5-8,表5-9。

表 5-7 健壮液育猪体重月增重记录

月龄	预计体重(千克)		日喂量和次数
	试验猪	对照猪	
1	60	60	每天喂 10~15 克
2	85	75	健壮液,每天喂 5 次
3	120	100	
4	145	120	
5	165	140	

注:试验猪试验前体重 45 千克,对照猪同期 50 千克。出栏时试验猪实际达到 167.2 千克,比对照猪增重 19.43%,产投比在 50:1 以上

表 5-8 健壮液育猪育肥性状、肉质性状的一般配合力

项目	日增重(克)	料肉比值	屠宰率(%)	瘦肉率(%)	皮厚(厘米)	腹油比例(%)
试验猪	769.8	2.89	78.63	64.72	0.36	8.87
对照猪	520.4	3.21	72.16	56.38	0.34	7.10

注:料肉比是指增加 1 千克猪肉所消耗的饲料。这里的料肉比与广西用 EM 养猪的料肉比无显著差异

表 5-9 鲜猪肉性状对比

项 目	试 验 猪	对 照 猪
色 泽	肌肉有光泽,肉色均匀,脂肪洁白	肌肉色稍暗,脂肪洁白,有光泽
黏 度	外表微干,不粘手	微粘手,新切面湿润
弹 性	指压后的凹陷立即恢复	指压后的凹陷恢复慢
气 味	具有鲜肉正常气味	鲜肉正常气味淡
肉的肥度	厚、光滑,肉附着好,瘦肉比例多于脂肪和骨	厚、附着良好,瘦肉比例小
肉的肌纹和结实度	肌肉细致,肉质结实	肌纹、结实度没有大的缺陷

2. 用 FJC-健壮液 2 号防治鸽病实例 本文引自《特产研究》2002 年第 1 期。

(1)材料与方法

①供试材料：种鸽 34 对(美国白鸽,全部有病),由儋州市嘉禾农庄提供。FJC-健壮液 2 号,系冯晋臣教授赠送。

②试验方法：第一天用 FJC-健壮液 2 号的 200 倍稀释液供试验鸽自由饮用;第二天用 150 倍稀释液供试验鸽自由饮用;第三天以后,用 100 倍稀释液供试验鸽自由饮用。持续试验 15 天,每天饮用 2 次(时间为 9:30 和 14:30)。

(2)试验结果 防治效果见表 5-10。

表 5-10 FJC-健壮液 2 号对鸽病的防治效果

处理前	病鸽症状	饮水少	昏睡	厌食	羽毛松动污点多	气管炎	病鸽(包括不明症状)
	患病鸽对数	3	14	8	2	3	34
处理后	处理 12 天后恢复正常鸽对数	3	13	5	1	1	12
	治愈率(%)	100	93	62	50	33	35
	处理 15 天后恢复正常鸽对数	3	14	8	2	3	26
	治愈率(%)	100	100	100	100	100	76

从表 5-10 可见,供试种鸽 34 对(全部有病),饮用稀释健壮液 12 天以后,恢复正常对数为 12 对,治愈率为 35%;第 15 天以后,恢复正常鸽对数为 26 对,治愈率为 76%。由此可见,FJC-健壮液 2 号对鸽病防治的效果是非常显著的。

(3)讨论 主要有以下几点。

①FJC-健壮液2号对鸽病防治影响的效果与病鸽所表现的症状和饮用时间有关。其中,喂养12天以后,饮水少、昏睡、厌食、羽毛松动污点多、气管炎的治愈率依次为100%、93%、62%、50%、33%,喂养健壮液15天后,上述各种症状的治愈率均达100%。

②FJC-健壮液2号对鸽病防治效果的影响是间接性的。其抗病机制是通过调节和增强鸽体有益微生物群落,改善胃肠消化吸收功能而增强鸽体的抗病力和免疫力,它并不直接起致死病原物的作用。

FJC-健壮液2号是一种微生物活菌试剂。从该试剂的配方中可见,主要为有益菌类,即酵母菌、放线菌、乳酸杆菌、光合细菌及曲菌。种鸽经喂养健壮液后,能调节胃肠菌落的构成,并使有益菌类在其中占主导地位,从而增强鸽体的免疫力和抗病力。其中酵母菌、放线菌、乳酸杆菌能刺激种鸽胃肠,帮助消化,提高食欲。同时,有益菌落中含有丰富的蛋白质、多种维生素及生活物质,是种鸽优良的饵料添加剂,能增强鸽体体质。

FJC-健壮液2号被鸽体吸收后,能很快降解氨氮与硫化氢,故能使种鸽翅毛光滑亮泽,减少污点。

③FJC-健壮液2号喂养种鸽后,第二天会出现腹泻现象,但停药1.5天,鸽粪便恢复正常状况(灰褐色螺状),这种现象可能与鸽体胃肠的适应功能有关。因此,在喂养健壮液时,短期内鸽子出现腹泻现象应视为正常;同时,配制健壮液2号稀释液时,浓度应由稀渐浓,使鸽子的消化功能有一个适应过程。

④用FJC-健壮液2号喂养种鸽时,仍有24%的病鸽不能治愈。如果延长试验时间,是否能提高治愈率,有待进一步研究。

3. 用健壮液养对虾实例　利用 0.33 公顷(5 亩)水面低位池夏季养一造对虾。

(1)试验结果　成活率高,个体肥大,可提早上市,单位面积产量高,产投比高。

①成虾提早 10 天捕捞上市,节约饵料 165 千克[49.5 千克/(公顷·天) × 0.33 公顷 × 10 天],相应节约投入 1 000 元左右,节约 10 天人工费 500 元左右。由于养一造虾缩短了 10 天,一年养 4 造就有可能了。

对于低位池来说,成虾提早 1 天捕捞上市都是好的,因为大的海潮可以把低位池中的虾全部带走,这样渔民损失就惨重了,他们的时间和投资费用就白白浪费掉了,只能是徒劳无功。

②与对照(未用健壮液的养殖户)相比,增产 10% 以上。0.33 公顷试验池活虾产量 550 千克(每 667 米^{2}110 千克),增收 1 100 元(活虾收购价按 20 元/千克的最低价计算)。虾体较肥大,比对照增重 7.5% ~ 10%。

③每 667 米^2 水面放养 2 万尾仔虾,收获 110 千克,每千克平均成活虾 80 尾,成活率 44%,比一般情况下的成活率 30% 左右高出 14 个百分点。

④健壮液每 667 米^2 水面一造的用量为 20 千克,0.33 公顷一造共用 100 千克,费用 400 元左右,而收入共增加了 2 600 元,产投比达 6∶1 以上。另外,一造缩短了 10 天养殖期的无形经济价值还未计入其中。

(2)使用方法　对虾产卵后,立即按每立方米水体 4 ~ 5 克的用量将健壮液洒入育苗池中,以后随换水随补充,每 3 天左右每立方米水体加 1.5 ~ 2 克,使健壮液在池水中的浓度保持在每立方米水体 4 ~ 5 克。由于健壮液菌体小,营养丰富,是对虾育苗期很好的开口饵料,除可净化水质,还可适当减少其他开口饵料的投放,减轻对水质的污染;同时用健壮液拌饵料喂饲后,虾的体质增强,死亡率减少。在显微镜下可见到虾仔的红色消化道。

(3)社会经济效益 试验得知,对虾成活率达44%;按常规每667米^{2}低位池放养仔虾7万尾计算,则可捕捞30 800只成虾,一般70~90只成虾1千克,平均按80只1千克计算,则有30 800只÷80只/千克=385千克,比一般的高产塘275千克,每667米^{2}水面增加110千克的成虾,活虾收购价冬季高夏季低,按较低的平均价30元/千克计算,每667米^{2}水面每造可增加收入3 300元。如果海南省养殖规模达到4 667公顷(7万亩)水面,一年养3造计算,一年可增加收入6.93亿元,还不计入因用健壮液育虾部分的增收值。文昌市部分高位池每667米^{2}放虾苗高达20万尾,则社会经济效益比上述计算结果会更高。

十、自制健壮液

(一)自制健壮液所需仪器和设备

1. 家庭式生产所需仪器和设备 主要有:
①手持式折光糖量计,测量范围0~50。
②1.4~3.0 pH精密试纸,0.5~5.0 pH精密试纸。
③酒精度计(规格:0~50、50~100)。
④波美度计(测比重用),分轻表和重表两种。
⑤粗天平、盘秤。
⑥量筒、量杯。

⑦长玻璃棒或塑料棒。

⑧容积 10 千克、25 千克的塑料壶(有内盖塞着出口,再有外盖旋紧出口)。

以上仪器的价格总计不超过 1 000 元。

2. 工业化大规模生产所需仪器和设备　除以上仪器和设备之外,还需添加酸度计(测量 H^+ 浓度和 pH 值)、磅秤(100 千克以上)、容积 1 吨的塑料发酵罐。最好有精密天平,没有也可以。

以上仪器和设备的价格总计不超过 1 万元。

(二)自制健壮液的原料

自制健壮液的原料有:糖蜜或红糖等,米醋(不是乙酸),米酒、高粱酒、黄酒(不是乙醇),水(最好是井水或雨水)。

(三)健壮液培养剂配方

因为各地原料所含的糖、醋、酒、水的成分不完全一样,所以只能给出一个原则,结合当地情况灵活掌握。

1. 培养剂配方一　具体操作程序如下。

(1)程序 1　x_1 克糖 + y_1 毫升水 = 1 000 毫升,使得 x_1 满足在 26.3℃下测量,此时可溶性固形物的读数为 3.8,其校正值按表 5-11,用插值法求得 20℃以下糖度值为 4.2392%(克/毫升)。其计算过程如下:

第一步,先求 26.3℃是可溶性固形物含量为 3.8%,在 26℃和 27℃时的对应修正值:

$$27℃时的修正值 = 0.48\% + (0.50\% - 0.48\%) \times \frac{3.8\%}{5\%}$$
$$= 0.4952\% \qquad (6.1)$$

表 5-11 糖量计读数之温度修正表

温度(℃)		浓度 (%)														
		0	5	10	15	20	25	30	35	40	45	50	55	60	65	70
10	从读数中减去	0.50	0.54	0.58	0.61	0.64	0.66	0.68	0.70	0.72	0.73	0.74	0.75	0.76	0.78	0.79
11		0.46	0.46	0.53	0.55	0.58	0.60	0.62	0.64	0.65	0.66	0.67	0.68	0.69	0.70	0.71
12		0.42	0.45	0.48	0.50	0.52	0.54	0.56	0.57	0.58	0.59	0.60	0.61	0.61	0.63	0.63
13		0.37	0.40	0.42	0.44	0.46	0.48	0.49	0.50	0.51	0.52	0.53	0.54	0.54	0.55	0.55
14		0.33	0.35	0.37	0.39	0.40	0.41	0.42	0.43	0.44	0.45	0.45	0.46	0.46	0.47	0.48
15		0.27	0.29	0.31	0.33	0.34	0.34	0.35	0.36	0.37	0.37	0.38	0.39	0.39	0.40	0.40
16		0.22	0.24	0.25	0.26	0.27	0.28	0.28	0.29	0.30	0.30	0.30	0.31	0.31	0.32	0.32
17		0.17	0.18	0.19	0.20	0.21	0.21	0.21	0.22	0.22	0.23	0.23	0.23	0.23	0.24	0.24
18		0.12	0.13	0.13	0.14	0.14	0.14	0.14	0.15	0.15	0.15	0.15	0.16	0.16	0.16	0.16
19		0.06	0.06	0.06	0.07	0.07	0.07	0.07	0.08	0.08	0.08	0.08	0.08	0.08	0.08	0.08
20		0	0	0	0	0	0	0	0	0	0	0	0	0	0	0

续表 5-11

温度 (℃)	加在读数上	浓度 (%)														
		0	5	10	15	20	25	30	35	40	45	50	55	60	65	70
21		0.08	0.07	0.07	0.07	0.07	0.08	0.08	0.08	0.08	0.08	0.08	0.08	0.08	0.08	0.08
22		0.13	0.13	0.14	0.14	0.15	0.15	0.15	0.15	0.15	0.16	0.16	0.16	0.16	0.16	0.16
23		0.19	0.20	0.21	0.22	0.22	0.23	0.23	0.23	0.23	0.24	0.24	0.24	0.24	0.24	0.24
24		0.26	0.27	0.28	0.29	0.30	0.30	0.31	0.31	0.31	0.31	0.31	0.32	0.32	0.32	0.32
25		0.33	0.35	0.36	0.37	0.38	0.38	0.39	0.40	0.40	0.40	0.40	0.40	0.40	0.40	0.40
26		0.40	0.42	0.43	0.44	0.45	0.46	0.47	0.48	0.48	0.48	0.48	0.48	0.48	0.48	0.48
27		0.48	0.50	0.52	0.53	0.54	0.55	0.55	0.56	0.56	0.56	0.56	0.56	0.56	0.56	0.56
28		0.56	0.57	0.60	0.61	0.62	0.63	0.63	0.64	0.64	0.64	0.64	0.64	0.64	0.64	0.64
29		0.64	0.66	0.68	0.69	0.71	0.72	0.72	0.73	0.73	0.73	0.73	0.73	0.73	0.73	0.73
30		0.72	0.74	0.77	0.78	0.79	0.80	0.80	0.81	0.81	0.81	0.81	0.81	0.81	0.81	0.81

26℃时的修正值 = $0.40\% + (0.42\% - 0.40\%) \times \dfrac{3.8\%}{5\%}$

$= 0.4152\%$ (6.2)

第二步,求27℃和26℃时糖度的修正值之差:

27℃时糖度的修正值(0.4952%) - 26℃时糖度的修正值(0.4152%) = 0.08%   (6.3)

第三步,求26.3℃时糖度为3.8%糖量计之温度修正值:

$0.4152\% + (0.08\% \times \dfrac{0.3℃}{1.0℃}) = 0.4392\%$ (6.4)

第四步,求在26.3℃下读得可溶性固形物为3.8%时,修正为20℃时的糖度计值:

$3.8\% + 0.4392\% = 4.2392\%$(克/毫升)   (6.5)

上面为二维插值法,先作横向插值,再作纵向插值即可。

(2)程序2 x_2毫升醋 + y_2毫升水 = 1 000毫升,使得x_2满足它的溶液酸碱度:pH值 = 3.5~4.0。

(3)程序3 x_3毫升酒 + y_3毫升水 = 1 000毫升,使得x_3满足它的溶液酒精度为0.85%(毫升/毫升)。

$(x_1 + x_2 + x_3)$ + 水 = 1 000毫升,即为配方一。它的各项指标如下:

①糖度:27℃时糖量计测量可溶性固形物为3.5%,修正为20℃时为3.994%(克/毫升)。其计算过程如下:

先求27℃时可溶性固形物含量为3.5%,在27℃时的对应修正值:

27℃时的修正值 = $0.48\% + (0.50\% - 0.48\%) \times \dfrac{3.5\%}{5\%}$

$= 0.494\%$ (6.6)

结果就得在27℃下读得可溶性固形物为3.5%时,修正为20℃时的糖度计值:

$3.5\% + 0.494\% = 3.994\%$(克/毫升)　　　　　(6.7)

②pH值：4.0～4.5。

③酒精度：负5°。

④波美度：1.1(重表)、9.7(轻表)。

波美度重表与比重换算公式见本书第三章第三部分"公式(3.3)"，即有重表比重 = 1.0066(克/毫升)。

波美度轻表与比重换算公式：

$$\begin{aligned}比重 &= \frac{144.3}{134.3 + 轻表波美度}\\ &= \frac{144.3}{134.3 + 9.7}\\ &= 1.0021(克/毫升)\end{aligned}$$　　(6.8)

$$\begin{aligned}波美度平均值 &= \frac{1}{2}(重表比重 + 轻表比重)\\ &= \frac{1}{2}(1.0066 + 1.0021)\\ &= 1.0044(克/毫升)\end{aligned}$$　　(6.9)

实测比重为0.996(克/毫升)。

⑤健壮液菌种母液的指标与用量：

a. 糖度：25℃时糖量计测量可溶性固形物为1.5%，修正为20℃时为1.836%(克/毫升)。其计算过程如下：

先求25℃时可溶性固形物含量为1.5%，在25℃时的对应修正值：

$$25℃时的修正值 = 0.33\% + (0.35\% - 0.33\%) \times \frac{1.5\%}{5\%}$$
$$= 0.336\%$$　　　　(6.10)

结果就得在25℃下读得可溶性固形物为1.5%时，修正为20℃时的糖度计值：

$1.5\% + 0.336\% = 1.836\%$(克/毫升)　　　　(6.11)

b. pH 值：2.5~3.0(菌种的 pH 值应小于 3.5，对应的 H^+ 浓度应大于 316.2 微摩/升)。

c. 酒精度：负 1°。

d. 波美度：负 0.9(重表)、10.6(轻表)。

波美度重表与比重换算公式，即有重表比重 = 0.9928(克/毫升)。

波美度轻表与比重换算公式：

$$\text{比重} = \frac{144.3}{134.3 + \text{轻表波美度}} = \frac{144.3}{134.3 + 10.6}$$
$$= \frac{144.3}{144.9} = 0.9959(\text{克/毫升}) \qquad (6.12)$$

$$\text{波美度比重平均值} = \frac{1}{2}(\text{重表比重} + \text{轻表比重})$$
$$= \frac{1}{2}(0.9928 + 0.9959)$$
$$= 0.9944(\text{克/毫升}) \qquad (6.13)$$

实测比重为 0.994(克/毫升)。

e. 以上为光合菌、放线菌、酵母菌、乳酸菌、曲菌各1/5，要求健壮液菌种中含菌量大于 10^9 个/毫升，上述提到的 5 种细菌的单种细菌含量应大于 10^8 个/毫升。

f. 健壮液菌种母液：培养液 = 1:20。这是它的用量比。

⑥培养剂配方一加 1/20 菌种，刚接种后未发酵的液体各项指标如下：

a. 糖度：26.8℃时糖量计测量可溶性固形物为 3.6%，修正为 20℃时为 4.0784%(克/毫升)。其计算过程如下：

先求 26.8℃时可溶性固形物含量为 3.6%，在 26℃和 27℃时的对应修正值：

$$27℃\text{时的修正值} = 0.48\% + (0.50\% - 0.48\%) \times \frac{3.6\%}{5\%}$$

$$= 0.4944\% \qquad (6.14)$$

$$26℃时的修正值 = 0.40\% + (0.42\% - 0.40\%) \times \frac{3.6\%}{5\%}$$

$$= 0.4144\% \qquad (6.15)$$

第二步求 27℃和 26℃时糖度的修正值之差:

27℃时糖度的修正值(0.4944%) - 26℃时糖度的修正值(0.4144%) = 0.08% (6.16)

再求 26.8℃时糖度为 3.6%糖量计之温度修正值:

$$0.4144\% + (0.08\% \times \frac{0.8℃}{1.0℃}) = 0.4784\% \qquad (6.17)$$

最后求在 26.8℃下读得可溶性固形物为 3.6%时,修正为 20℃时的糖度计值:

$$3.6\% + 0.4784\% = 4.0784\%(克/毫升) \qquad (6.18)$$

b. pH 值:3.0～3.5。

c. 酒精度:负 6°。

d. 波美度:0.9(重表)、9.6(轻表)。

波美度重表与比重换算公式,即有重表比重 = 1.0052(克/毫升)。

波美度轻表与比重换算公式:

$$比重 = \frac{144.3}{134.3 + 轻表波美度} = \frac{144.3}{134.3 + 9.6}$$

$$= \frac{144.3}{143.9} = 1.0028(克/毫升) \qquad (6.19)$$

$$波美度比重平均值 = \frac{1}{2}(重表比重 + 轻表比重)$$

$$= \frac{1}{2}(1.0052 + 1.0028)$$

$$= 1.0040(克/毫升) \qquad (6.20)$$

实测比重为 1.0040(克/毫升)。

2. 培养剂配方二 具体操作程序如下。

(1)程序1 x_1 克糖 + y_1 毫升水 = 1 000 毫升,使得 x_1 满足在 26.5℃下测量,此时可溶性固形物的读数为 3.0,其校正值按表 5-11,用插值法求得 20℃下的糖度值为 3.452%(克/毫升)。

(2)程序2 x_2 毫升醋 + y_2 毫升水 = 1 000 毫升,使得 x_2 满足它的溶液酸碱度:pH 值 = 4.0~4.5。

(3)程序3 x_3 毫升酒 + y_3 毫升水 = 1 000 毫升,使得 x_3 满足它的溶液酒精度为 0.60%(毫升/毫升)。

$(x_1 + x_2 + x_3)$ + 水 = 1 000 毫升,即为配方二。它的各项指标如下:

①糖度:27℃时糖量计测量可溶性固形物为 3.0%,修正为 20℃时为 3.492%(克/毫升)。

②pH值: 3.5~4.0。

③酒精度:负 7°。

④波美度: 0.3(重表)、10.0(轻表)。

重表比重 = 1.0010(克/毫升)。

轻表比重 = 1.0000(克/毫升)。

波美度比重平均值 = 1.0005(克/毫升)。

实测比重为 1.002(克/毫升)。

⑤健壮液菌种母液的指标与用量:同培养液配方一。

⑥培养剂配方二加 1/20 菌种,刚接种后未发酵的液体各项指标如下:

a.26.7℃时糖量计测量可溶性固形物为 2.7%,修正为 20℃时为 3.1668%(克/毫升)。

b.pH 值: 3.0~3.5。

c. 酒精度:负 6°。

d. 波美度:0.2(重表)、9.8(轻表)。

重表比重 = 1.0003(克/毫升)。

轻表比重 = 1.0014(克/毫升)。

波美度比重平均值 = 1.0009(克/毫升)。

实测比重为 1.0060(克/毫升)。

3. 普适培养剂 具体操作程序如下。

(1)程序 1 x_1 克糖 + y_1 毫升水 = 1 000 毫升,使得 x_1 满足在 20℃下测量,此时可溶性固形物读数为 3.452% ~ 4.2392%(克/毫升)。

(2)程序 2 x_2 毫升醋 + y_2 毫升水 = 1 000 毫升,使得 x_2 满足它的溶液酸碱度:pH 值 = 3.5 ~ 4.5(H^+ 浓度为 316.2 ~ 31.62 微摩/升)。

(3)程序 3 x_3 毫升酒 + y_3 毫升水 = 1 000 毫升,使得 x_3 满足它的溶液酒精度为 0.60% ~ 0.85%(毫升/毫升),与理论值相差 1 倍左右。

酒精度计测量误差,在它读数为 5% 以下误差率可以达到 100%,但是测量值在 30% 以上时它的读数误差在 5% 以下。

酒精度定义为:a 毫升酒精加 b 毫升水等于 c 毫升的酒精溶液,则酒精度为 a/c × 100%(V/V),如 50%(毫升/毫升)即为 50°的酒。

($x_1 + x_2 + x_3$) + 水 = 1 000 毫升,即为普适营养液。其各项指标如下:

①糖度:20℃时,糖量计测量可溶性固形物为 3.492% ~ 3.994%(克/毫升)。

②pH 值:3.5 ~ 4.5(H^+ 浓度为 316.2 ~ 31.62 微摩/升)。

③酒精度:负 7° ~ 负 5°。

④波美度:0.3~1.1(重表)、9.7~10.0(轻表)。

重表比重 = 1.0010~1.0066(克/毫升)。

轻表比重 = 1.0000~1.0021(克/毫升)。

波美度比重平均值 = 1.0005~1.0044(克/毫升)。

实测比重为0.996~1.002(克/毫升)。

4. 健壮液普适培养的配方实例

(1)实例一 米酒(32°)136.5毫升 + 米醋(pH值2.5~3)104毫升 + 红糖416克。包括上述物质对水至10升。

a. 糖度:在27℃下测量糖量计可溶性固形物为3.5%。

b. pH值:4.0~5.0。

c. 酒精度:负5°(0°~50°的酒精计)。

d. 波美度:9.7(轻表)、1.1(重表)。

波美度与比重换算方法如前述。

实测比重为1.006克/毫升。

加菌种500毫升接种后,测得:

a. 糖度:在27℃下测量糖量计可溶性固形物为3.6%。

b. pH值:3.0~3.5。

c. 酒精度:负6°。

d. 波美度:9.6(轻表)、0.9(重表)。

波美度与比重换算方法如前述。

实测比重为1.004克/毫升。

(2)实例二 米酒(32°)136.5毫升 + 米醋(pH值2.5~3)104毫升 + 红糖416克。包括上述物质对水至12.5升。

a. 糖度:在27℃下测量糖量计可溶性固形物为3.0%。

b. pH值:3.5~4.0。

c. 酒精度:负7°(0°~50°的酒精计)。

d. 波美度:10.0(轻表)、0.3(重表)。

波美度与比重换算方法如前述。

实测比重为 1.002 克/毫升。

加菌种 625 毫升接种后,测得:

a. 糖度:在 26.7℃下测量糖量计可溶性固形物为 2.7%。

b. pH 值:3.0~3.5。

c. 酒精度:负 6°。

d. 波美度:9.8(轻表)、0.2(重表)。

波美度比重换算方法如前述。

实测比重为 1.006 克/毫升。

5. 健壮液菌种母液检验表举例及用量

(1)健壮液菌种母液检验表例一

桶号 126(2.5 千克)　生产日期 2000 年 11 月 27 日　测试日期 2000 年 12 月 23 日　产地五指山市(县)　250 毫升量杯净重 168 克

1. 250 毫升液重(420 − 168) = 252 克

2. 比重 = 1.008 克/厘米^3　3. pH 值 = 2.62

4. 颜色、透光情况:浅棕黄色、不透光

5. 糖度计值 = 2.81　6. 嗅觉:酸✓,香✓,臭,带甜

7. 酒精度值 = 负 4.5　8. 臌气现象:臌、不臌✓

(2)健壮液菌种母液检验表例二

桶号 167(10 千克)　生产日期 2000 年 11 月 27 日　测试日期 2000 年 12 月 24 日　产地五指山市(县)　250 毫升量杯净重 168 克

1.250毫升液重(418-168)=250克

2.比重=1.000克/厘米³ 3.pH值=3.0

4.颜色、透光情况：棕黄色、微透光

5.糖度计值=2.0 6.嗅觉：酸,香,臭,带甜

7.酒精度值=负3.0 8.臭气现象：臭,不臭

(3)健壮液菌种母液检验表例三

桶号130(2.5千克) 生产日期2000年11月24日 测试日期2000年12月23日 产地五指山市(县) 250毫升量杯净重168克

1.250毫升液重(418-168)=250克

2.比重=1.000克/厘米³ 3.pH值=3.0

4.颜色、透光情况：浅棕黄色、不透光

5.糖度计值=3.0 6.嗅觉：酸,香,臭,带甜

7.酒精度值=负4.5 8.臭气现象：臭,不臭

(4)健壮液菌种母液检验表例四

桶号158(10千克) 生产日期2000年11月27日 测试日期2000年12月24日 产地五指山市(县) 250毫升量杯净重168克

1.250毫升液重(418-168)=250克

2.比重=1.000克/厘米³ 3.pH值=3.0

4.颜色、透光情况：黄色、不透光

5.糖度计值=2.1 6.嗅觉：酸,香,臭,带甜

7. 酒精度值＝负 4.4　8. 臊气现象：臊,不臊

(5)健壮液菌种母液检验表例五

桶号 154(2.5 千克)　生产日期 2000 年 11 月 27 日　测试日期 2000 年 12 月 23 日　产地五指山市(县)　250 毫升量杯净重 183 克

1. 250 毫升液重(433－183)＝250 克

2. 比重＝1.0000 克/厘米^3　3. pH 值＝2.6

4. 颜色、透光情况：浅黄色、微透光

5. 糖度计值＝2.9　6. 嗅觉：酸,香,臭,带甜

7. 酒精度值＝负 3.1　8. 臊气现象：臊,不臊

(6)用量　如果是家庭式生产,以 10 千克塑料壶为一桶生产,那么上述培养剂为 10 千克,需要 100 毫升光合菌、100 毫升酵母菌、100 毫升放线菌、100 毫升乳酸菌、100 毫升曲菌；以 25 千克塑料壶为一桶生产,那么上述培养剂为 25 千克,需要 250 毫升光合菌、250 毫升酵母菌、250 毫升放线菌、250 毫升乳酸菌、250 毫升曲菌。

如果是工业化大规模生产,以 1 吨塑料发酵罐生产健壮液,那么需要上述培养剂 800 千克。因为在发酵过程中会产生气体,将导致发酵罐破裂,因此需要上述培养剂不能为 1 吨。需要 8 000 毫升光合菌、8 000 毫升酵母菌、8 000 毫升放线菌、8 000 毫升乳酸菌、8 000 毫升曲菌。

6. 健壮液 1 号与健壮液 2 号培养剂配方的区别　健壮液 1 号培养剂配方即普适培养剂配方,而健壮液 2 号培养剂配方是在普适培养剂配方的基础上加 0.05％NaCl(即食盐)。如

果是家庭式生产,用10千克培养剂再加 NaCl 为 5 克,用 25 千克培养剂再加 NaCl 为 12.5 克。如果是工业化大规模生产,用 800 千克培养剂再加 NaCl 为 400 克。

健壮液1号的菌种最好再加固氮菌。固氮菌:培养剂=1:100。固氮菌被称为取氮能手,能把空气中的氮气转换成蛋白质,植物得到蛋白质补充会生长旺盛,抗害能力和抗病能力大大提高。

健壮液2号的菌种最好再加双歧杆菌。双歧杆菌:培养剂=1:100。双歧杆菌能在肠道上形成一层"菌膜屏障",在肠内发酵后也会产生乳酸和醋酸,能提高动物对钙、磷、铁的利用率,促进对铁和维生素 D 的吸收,排斥多余胆固醇,起到通便、排毒、保健、抗衰老的作用。双歧杆菌还能通过降低肠道的 pH 值,抑制腐败菌生长,调整肠道菌群,加速肠腔内有害物质和毒素排出体外,达到预防和治疗各种肠道疾病的效果。

(四)健壮液发酵过程与质量指标

1. 健壮液发酵过程　培养剂加菌种后,需要密封并放在阴凉干燥处 15～30 天,往往会产生气体使容器膨胀,因此需要开盖放气,放气后需继续密封,重复以上操作,直到气体不再产生,则表明发酵完毕。一般在室温下健壮液经 1 个月发酵后,以有酸甜、醇香味为好;若有臭味、醇味,则已变质,应停止使用。

2. 健壮液质量指标检测

(1)总含菌量　健壮液是以酵母菌、放线菌、光合菌、乳酸菌和曲菌等为主的 10 个属几十种微生物复合培养而成的一种新型微生物活菌剂,因此要求其产品的总含菌量大于 10^9 个/毫升。上述提到的 5 种细菌的单种细菌含量应大于 10^8

个/毫升。

(2)性状　棕色或咖啡色液体,带酸甜味,无限溶于水。

(3)pH值　控制在3~4之间,相当于氢离子浓度为1 000微摩/升与100微摩/升。

(4)毒性　无毒(已经检验)。

(5)保质期　保存在室内阴凉处,5年内不影响使用效果。

3. 健壮液使用要点　健壮液是生物菌剂,切忌同灭菌药一同使用。健壮液本身无害,为了提高效果,可采用提高使用频率和浓度的方法。

4. 健壮液质量检验表举例

(1)健壮液成品检验表例一

桶号120(2.5千克)　生产日期2000年11月24日　测试日期2000年12月23日　产地五指山市(县)　250毫升量杯净重183克

1. 250毫升液重(433-183)=250克

2. 比重=1.0000克/厘米^3　3. pH值=3.0

4. 颜色、透光情况:浅黄色、基本透光

5. 糖度计值=3.2　6. 嗅觉:酸、香、臭、带甜

7. 酒精度值=负5.2　8. 朦气现象:朦、不朦

(2)健壮液成品检验表例二

桶号132(2.5千克)　生产日期2000年11月24日　测试日期2000年12月23日　产地五指山市(县)　250毫升量

杯净重183克

1. 250毫升液重(433－183)＝250克
2. 比重＝1.0000克/厘米^3 3. pH值＝3.2
4. 颜色、透光情况：浅黄色、基本透光
5. 糖度计值＝3.0 6. 嗅觉：酸✓、香、臭、带甜
7. 酒精度值＝负5.0 8. 馊气现象：馊✓、不馊

(3)健壮液成品检验表例三

桶号129(2.5千克) 生产日期2000年11月24日 测试日期2000年12月23日 产地五指山市(县) 250毫升量杯净重183克

1. 250毫升液重(433－183)＝250克
2. 比重＝1.0000克/厘米^3 3. pH值＝3.5
4. 颜色、透光情况：浅棕黄色、不透光
5. 糖度计值＝3.1 6. 嗅觉：酸✓、香、臭、带甜
7. 酒精度值＝负4.5 8. 馊气现象：馊✓、不馊

(4)健壮液成品检验表例四

桶号133(2.5千克) 生产日期2000年11月27日 测试日期2000年12月23日 产地五指山市(县) 250毫升量杯净重168克

1. 250毫升液重(419－168)＝251克
2. 比重＝1.004克/厘米^3 3. pH值＝2.6
4. 颜色、透光情况：浅黄色、不透光
5. 糖度计值＝2.5 6. 嗅觉：酸✓、香、臭、带甜

7.酒精度值=负2.5 8.臊气现象:臊、不臊

(5)健壮液成品检验表例五

桶号157(2.5千克)　生产日期2000年11月27日　测试日期2000年12月23日　产地五指山市(县)　250毫升量杯净重183克

1.250毫升液重(433-183)=250克

2.比重=1.0000克/厘米³ 3.pH值=3.1

4.颜色、透光情况:浅黄色、微透光

5.糖度计值=2.2 6.嗅觉:酸、香、臭、带甜

7.酒精度值=负4.2 8.臊气现象:臊、不臊

(五)绿色环保生态农场的通用模式

绿色环保生态农场的通用模式,见图5-2。

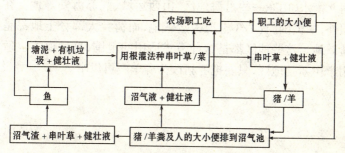

图5-2　利用健壮液和根灌搞生态型农场的模式图

农场种的菜、养的猪/羊和养的鱼可供职工吃。猪/羊的粪便和职工的大小便都排到沼气池里面,作为产生沼气的原料。沼气池中的沼气液和鱼塘中的塘泥作为根灌种串叶草/

菜的肥料。

这种模式的农场,能自我净化,没有废物排放,避免了环境污染,土地又可以年复一年重复耕种,毫不伤地力。这种低成本农牧渔业交织在一起多副业经营方式,使农场收入稳定增长,劳动条件大为改善,达到高效低耗之目的。发展中国家,随着经济的发展,剪刀差就逐渐消失,也就是农产品价格的上扬是历史的必然,所以有远见的人,搞种植、养殖业就够致富,最好搞生态型农场,现在国家正鼓励节能减排搞循环经济,税收、贷款都有优惠。

串叶草全称串叶松香草,亦称菊花草,原产北美,可在pH值8.4的盐碱地、$-38℃ \sim 39℃$的恶劣环境下生长的一种牧草,生长期为$10 \sim 15$年,每667米^{2}串叶草一年可养猪20头或羊60只。

从内蒙古到海南都可以种植串叶草,因此图5-2的模式几乎在全国各地都可以实施,特别适用于盐碱地区,如天津、河北衡水、山东一些沿海地区、山西运城、江苏海安等地。在国外,如美国,有1/3土地为盐碱地,而荷兰大部分土地都是盐碱地。这些地区都是这种模式适用的范围,这种模式也适用于伊斯兰地区,只要把养猪改为养羊就可以啦。

附件 相关发明专利及实用新型专利

专利性质	专利号	专利申请日	专利名称	备 注
发明专利	ZL97103541.5	1997.4.10	植物根灌节水栽培方法	国际专利主分类号 A01G29/00
发明专利	ZL98106795.6	1998.4.10	农田节水耕作方法	国际专利主分类号 A01G25/00
实用新型	ZL02286775.9	2002.11.1	专用于农田集水节水用的打地孔机	
实用新型	ZL02258289.4	2002.11.7	根灌栽培剂	
实用新型	ZL02258290.8	2002.11.7	节水花盆	
实用新型	ZL200620003561.8	2006.1.20	带导管的根灌设施	

声明：在本书出版发行后，凡购买本书者，可免费使用上述 6 个专利，否则必将追究其侵犯知识产权的法律责任。

主要参考文献

1. Prof. Jincheng Feng (Tongzha, Hainan Province, P.R.C. Post Code:572200, Tel:086 – 899 – 6623787), Scientific and Technical Achievement at National Level "Root Irrigation" New High-Efficacy Water-Saving, Agriculture Technique, 1999 INTERNATIONAL CONFERENCE ON WSICID

2. Feng Jin-Cheng, Ji Jing-Qiu, ROOT IRRIGATION WITH SUPER ABSORBENT POLYMER – A NEW TECHNIQUE FOR EFFECTIVE WATER – SAVING AND ITS APPLICATION (IRRIGATION DE LA ZONE DE RACINES EN UTILISANT UN POLYMERE EXTREMEMENT ABSORBANT – NOUVELLE TECHNIQUE EFFICACE DE CONSERVATION DE L'EAU, ET SON APPLICATION), 19TH INTERNATIONAL CONGRESS ON IRRIGATION AND DRAINAGE, Printed at International Print—O—Park Ltd. India, 2005, ISBN 81 – 85068 – 94 – 1; VOL.1A, P.276 – 277 (Q.52, P.4.02)

3. 冯晋臣等. 植物根灌节水栽培方法. 发明专利号:ZL97103541.5,国际专利主分类号:AOIG29100,1997.4.10 申请

4. 冯晋臣,林应耀等. 管(大)棚番茄"根灌"与"滴灌"试验效果的对比与统计分析("九五"国家级科技成果重点推广计划指南项目). 中国农村水利水电(全国中文核心期刊),2000(增刊):78~80

5. 冯晋臣等. 旱区农业丰产的福音———一种能与滴灌

争雄世界的节水灌溉高新技术.中国科协 2001 年学术年会论文集(周光召主编).北京:中国科学技术出版社,2001,998

6. 冯晋臣.包根法在抗旱施肥上的应用.浙江林业科技,1976(3):17～19

7. 冯晋臣等.黄土丘陵桑园施肥抗旱新技术.浙江蚕桑通报.1977(4):31～32

8. 冯晋臣等.幼龄柑橘环沟留孔施肥法.中国柑橘,1980(1):38～39

9. 季静秋.国家级科技成果"根灌"高效节水农业新技术.琼州大学学报,1999(3):148～149

10. 冯晋臣.旱区农业丰产的福音——国家级科技成果"根灌(ROOT IRRIGATION)".农业专家论坛(顾问何康).北京:农科出版社,2000,150～151

11. 齐见龙,冯晋臣,季静秋等.根灌和吊瓶输液技术在芒果抗旱施肥中的应用.中国农村水利水电(全国中文核心期刊),2006(6):61～65

12. 古国榜等.无机化学.北京:化学工业出版社,1997.11

13. 沈萍.微生物学.北京:高等教育出版社,2000.7

14. D.狄德罗著.王太庆译.达朗贝尔和狄德罗的谈话.三联书店,1956

后 记

宇宙给予每一个人的一天都只有24小时,就看人一辈子如何充分利用这每天的24小时,做出更多、更有益于社会发展的事来。要想一辈子做完人家几辈子才能做完的事,就得坚持做到三点:勤奋加毅力,还必须要巧干。所谓勤奋,就是用功读书和下苦功夫做实验;所谓毅力,就是锲而不舍,不达目的不罢休。这两点是众所周知的道理,就看你努力程度如何了。所以,我们在这里谈谈如何巧干,主要是谈谈如何运用唯物辩证法来学习。为此,笔者通读了《资本论》,精读了恩格斯的《自然辩证法》及其他哲学名著,用它们武装自己,运用辩证唯物主义的读书方法,使笔者在学习上比较得心应手。另外,笔者利用业余时间从物理学的角度研读了农学、林学、水利学、化工等方面的几十门高等教材,从而为发明创造打下了既广阔又坚实的理论基础。

矛盾发展的具体因果关系,可以归纳为正题、反题→分题,或者表示为肯定→否定同时分裂;黑格尔却认为是正题、反题→合题,亦即合而为一。这就是唯物辩证法与唯心辩证法的根本差别。现在根据唯物辩证法来讨论一下读书学习的方法,仅供参考。

读书学习方法主要有三点,其辩证关系如下图所示。

对此图说明如下:

1. 少 $\xrightarrow{\text{为了}}$ 精。少而精就是抓主要矛盾,即带着从实践中发现的问题,有的放矢地学习,反对无计划无目标的教条主义

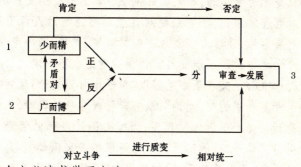

的机会主义读书学习方法。

2. 广 —为了→ 博。广而博就是使自己能全面地、历史地看问题,调查清楚联系着所论问题的种种方面——次要矛盾,从而彻底认清与把握问题的全部,使之获得彻底解决。

3. 审查 —为了→ 发展。"少而精"与"广而博"是一个矛盾对中对立的两方面。当在实践中发现问题时,"广而博"是学习读书这个矛盾中的主要矛盾;而当解决问题时,"少而精"是这个矛盾中的主要矛盾了。"审查"是"少而精"与"广而博"这对立的两方面激烈斗争从而导致认识的质变——解决问题发展理论的关键一步。质言之,"审查→发展"就是把原来认识的(操作方法、理论等)一分为二、去伪存真、辩证否定的过程。这因为事物本来就是一分为二的,因此就孕育着能转变为对方的因子——不一定是正向前进,负的发展就是后退。达到"发展"阶段的新认识,旧质的"少而精"与"广而博"在其中获得相对统一,认识暂时稳定,新的看法被暂时认可;但新的矛盾又在其中发生,第二阶段的学习读书又重新开始。衡量认识"发展"是正向还是负向的标准就是客观真理——实践。

正确的理论总是需要继续发展的,这因为物质世界的发展变化是无穷无尽的,而人类的主观认识总是受历史限制的,是相对真理。因此,从它到绝对真理之间还给后人留下了广阔的发展余地,让后人在实践中继续丰富、发展,渐趋完善,如牛顿力学之被爱因斯坦发展。错误的理论也不一定没有可取之点。如唯心主义者莱布尼兹以"单子论"(万灵论)反对机械唯物论者笛卡尔的"二元论",从当时阶级斗争情况看,机械唯物论是新兴资产阶级的世界观,而唯心论是没落僧侣贵族的世界观,但"单子论"的辩证因子是可取的。又例如,作为唯心主义世界观"消灭前的反动"的黑格尔"逻辑学"所包含的光辉辩证法思想与严整体系,都是可被改造利用的材料。

不能肯定一切,也不否定一切,持一分为二的态度学习,这样才能有所发展。例如,马克思1845年著的《关于费尔巴哈的提纲》,就是通过批判机械唯物论的直观性,萌发了辩证唯物史观。马克思1847年著的《哲学的贫困》就是以批判法国唯心主义政治经济学家蒲鲁东为名行改造黑格尔唯心辩证法之实,使辩证法顺立起,创立了唯物辩证法。就这样,马克思在30岁(1818年生)以前完成了一生哲学思想的奠基工作与哲学革命的准备工作,30岁时(1848年)就出版了巨著——被斯大林称为歌中之歌的《共产党宣言》。

另外,要注意记录自己创造发明的思想火花即所谓的灵感。创造发明的思想火花的产生不是偶然的,是你千百次对这个问题的思考或试验的结果所产生的灵感,如笔者经过十多年的苦读化学与化工方面的书并经过几千次的试验,发现了高吸水保水剂的简单而环保的生产工艺,这种发现是偶然的,但从小概率事件来讲,具有必然性,因为笔者经过几千次的试验,小概率事件的发生概率几乎等1——必然发生。创造发明的思想火花,要随有随记,哪怕是寒冬深夜里,也要立即起床,将它记录下来,否则,你可能一辈子再难以将它回想起来,并且要坚持不懈地做下去。

冯晋臣

作 者 简 历

冯晋臣,男,教授、专家、IEEE 主办的 ICNNSP 分会主席、英国 IBC20 世纪杰出传记人物,海南省第二届十大专利发明人。1939 年 12 月生于浙江宁波的教师家里。1957 年上海市建设中学毕业,1962 年毕业于南京大学物理系。因品学兼优,被选拔到国防科委工作。现任职于琼州大学物质系,曾任中国科技核心期刊《数据采集与处理》编委、海南省电子学会副理事长及海南省高评委成员等职。

主要贡献:非职务发明"经济林根基节水栽培技术"即"根灌(ROOTIRRIGATION)",与滴灌相比,能节水 30%～50%,并使净收入增加 20% 以上;而投入仅为同等水平滴灌的 5%～25%,因此最终能在世界范围内替代滴灌,1997 年入选《世界优秀专利技术精选》,发明专利号:ZL97103541.5。2007 年 9 月 19 日又获得发明专利,名称是"一种聚丙烯酸盐高吸水树脂新工艺",发明专利号:ZL02106374.5;过去的工艺,必须通氮保护,不是能耗极大,就要用到易爆易燃和有毒物质,严重污染环境,我们的新工艺克服了上述所有缺点,环保且节能,是化学工艺上的重大突破。1963 年率先世界提出植物(农业)工厂化的概念与实施方案;同时在国内首先实现植物输注液技术,并导向实用,成果录入当时的《中国果树科技文摘》第 7 集等,"树木吊瓶输液器"也获专利并在 2006 年 3 月 17 日《中国技术市场报》的节能专利上刊登。近年来又发明了农田节水耕作方法、带导管的根灌设施等十个专利。主编出版填补国内空白专著《模糊模式识别》与《模糊数学及其在林业中的应用》。攻克国家重点×雷达关键部件,1978年获科学大会奖(排名第一)。多篇论文在国际会议论文集及国家一级学报上发表。

金盾版图书,科学实用,通俗易懂,物美价廉,欢迎选购

书名	价格
农作物良种选用 200 问	15.00
作物立体高效栽培技术	13.00
经济作物病虫害诊断与防治技术口诀	11.00
作物施肥技术与缺素症矫治	9.00
肥料使用技术手册	45.00
肥料施用 100 问	6.00
科学施肥(第二次修订版)	10.00
配方施肥与叶面施肥(修订版)	8.00
化肥科学使用指南(第二次修订版)	38.00
秸秆生物反应堆制作及使用	8.00
高效节水根灌栽培新技术	13.00
农田化学除草新技术(第 2 版)	17.00
农田杂草识别与防除原色图谱	32.00
保护地害虫天敌的生产与应用	9.50
教你用好杀虫剂	7.00
合理使用杀菌剂	10.00
农药使用技术手册	49.00
农药科学使用指南(第 4 版)	36.00
农药识别与施用方法(修订版)	10.00
常用通用名农药使用指南	27.00
植物化学保护与农药应用工艺	40.00
农药剂型与制剂及使用方法	18.00
简明农药使用技术手册	12.00
生物农药及使用技术	9.50
农机耕播作业技术问答	10.00
鼠害防治实用技术手册	16.00
白蚁及其综合治理	10.00
粮食与种子贮藏技术	10.00
北方旱地粮食作物优良品种及其使用	10.00
粮食作物病虫害诊断与防治技术口诀	14.00
麦类作物病虫害诊断与防治原色图谱	20.50
中国小麦产业化	29.00
小麦良种引种指导	9.50
小麦标准化生产技术	10.00
小麦科学施肥技术	9.00
优质小麦高效生产与综合利用	7.00
小麦病虫害及防治原色图	

书名	价格
册	15.00
小麦条锈病及其防治	10.00
大麦高产栽培	5.00
水稻栽培技术	7.50
水稻良种引种指导	23.00
水稻新型栽培技术	16.00
科学种稻新技术(第2版)	10.00
双季稻高效配套栽培技术	13.00
杂交稻高产高效益栽培	9.00
杂交水稻制种技术	14.00
提高水稻生产效益100问	8.00
超级稻栽培技术	9.00
超级稻品种配套栽培技术	15.00
水稻良种高产高效栽培	13.00
水稻旱育宽行增粒栽培技术	5.00
水稻病虫害诊断与防治原色图谱	23.00
水稻病虫害及防治原色图册	18.00
水稻主要病虫害防控关键技术解析	16.00
怎样提高玉米种植效益	10.00
玉米高产新技术(第二次修订版)	12.00
玉米高产高效栽培模式	16.00
玉米标准化生产技术	10.00
玉米良种引种指导	11.00
玉米超常早播及高产多收种植模式	6.00
玉米病虫草害防治手册	18.00
玉米病害诊断与防治(第2版)	12.00
玉米病虫害及防治原色图册	17.00
玉米大斑病小斑病及其防治	10.00
玉米抗逆减灾栽培	39.00
玉米科学施肥技术	8.00
玉米高粱谷子病虫害诊断与防治原色图谱	21.00
甜糯玉米栽培与加工	11.00
小杂粮良种引种指导	10.00
谷子优质高产新技术	6.00
大豆标准化生产技术	6.00
大豆栽培与病虫草害防治(修订版)	10.00
大豆除草剂使用技术	15.00
大豆病虫害及防治原色图册	13.00
大豆病虫草害防治技术	7.00
大豆病虫害诊断与防治原色图谱	12.50
怎样提高大豆种植效益	10.00
大豆胞囊线虫病及其防治	4.50
油菜科学施肥技术	10.00
豌豆优良品种与栽培技术	6.50
甘薯栽培技术(修订版)	6.50
甘薯综合加工新技术	5.50
甘薯生产关键技术100	

书名	价格
题	6.00
图说甘薯高效栽培关键技术	15.00
甘薯产业化经营	22.00
花生标准化生产技术	10.00
花生高产种植新技术(第3版)	15.00
花生高产栽培技术	5.00
彩色花生优质高产栽培技术	10.00
花生大豆油菜芝麻施肥技术	8.00
花生病虫草鼠害综合防治新技术	14.00
花生地膜覆盖高产栽培致富·吉林省白城市林海镇	8.00
黑芝麻种植与加工利用	11.00
油茶栽培及茶籽油制取	18.50
油菜芝麻良种引种指导	5.00
双低油菜新品种与栽培技术	13.00
蓖麻向日葵胡麻施肥技术	5.00
棉花高产优质栽培技术(第二次修订版)	10.00
棉花节本增效栽培技术	11.00
棉花良种引种指导(修订版)	15.00
特色棉高产优质栽培技术	11.00
图说棉花基质育苗移栽	12.00
怎样种好 Bt 抗虫棉	6.50
抗虫棉栽培管理技术	5.50
抗虫棉优良品种及栽培技术	13.00
棉花病虫害防治实用技术(第2版)	11.00
棉花病虫害综合防治技术	10.00
棉花病虫草害防治技术问答	15.00
棉花盲椿象及其防治	10.00
棉花黄萎病枯萎病及其防治	8.00
棉花病虫害诊断与防治原色图谱	22.00
棉花病虫害及防治原色图册	13.00
蔬菜植保员手册	76.00
新农村建设致富典型示范丛书·蔬菜规模化种植致富第一村	12.00
蔬菜轮作新技术(北方本)	14.00

以上图书由全国各地新华书店经销。凡向本社邮购图书或音像制品,可通过邮局汇款,在汇单"附言"栏填写所购书目,邮购图书均可享受9折优惠。购书30元(按打折后实款计算)以上的免收邮挂费,购书不足30元的按邮局资费标准收取3元挂号费,邮寄费由我社承担。邮购地址:北京市丰台区晓月中路29号,邮政编码:100072,联系人:金友,电话:(010)83210681、83210682、83219215、83219217(传真)。